广西农牧工程学校校本教材

牛 羊 生 产

朱炳华　主编

中国农业大学出版社
·北京·

内 容 简 介

本教材介绍了牛羊的品种、选种选育和繁殖改良方法，牛羊营养需要和饲料筹备、饲养管理技术，牛羊养殖场和栏舍建设等内容。教材针对牛羊生产岗位设计教学情境，以行业企业生产过程为依据确定教材结构框架。全书内容采用"项目-任务"框架，每个工作任务采用"学习任务、必备知识、实践案例、制订方案、实施过程、知识拓展、职业能力测试"结构进行编写，做到学习重点突出，兼顾知识的系统性，理论与实践有机融合，体现实用性。

图书在版编目(CIP)数据

牛羊生产/朱炳华主编 —北京：中国农业大学出版社，2021.2
ISBN 978-7-5655-2527-8

Ⅰ.①牛… Ⅱ.①朱… Ⅲ.①养牛学-教材②羊-饲养管理-教材 Ⅳ.①S823②S826

中国版本图书馆 CIP 数据核字(2021)第 035069 号

书　　名	牛羊生产		
作　　者	朱炳华　主编		
策划编辑	康昊婷	责任编辑	田树君　许晓婧
封面设计	郑　川		
出版发行	中国农业大学出版社		
社　　址	北京市海淀区圆明园西路2号	邮政编码	100193
电　　话	发行部 010-62733489,1190	读者服务部	010-62732336
	编辑部 010-62732617,2618	出　版　部	010-62733440
网　　址	http://www.caupress.cn	**E-mail**	cbsszs @ cau.edu.cn
经　　销	新华书店		
印　　刷	北京鑫丰华彩印有限公司		
版　　次	2021年2月第1版　　2021年2月第1次印刷		
规　　格	787×1 092　　16开本　　10印张　　240千字		
定　　价	30.00元		

图书如有质量问题本社发行部负责调换

编写人员

主　编　朱炳华

副主编　李培娟　咸燕燕

编　者　朱炳华(广西农牧工程学校)

　　　　李培娟(广西农牧工程学校)

　　　　咸燕燕(广西农牧工程学校)

　　　　伍国荣(广西农牧工程学校)

　　　　吕铭翰(广西农牧工程学校)

　　　　李华慧(广西农牧工程学校)

　　　　何启文(广西柳州三元天爱乳业有限公司)

　　　　李　权(广西贺州市农业农村局)

　　　　花泽雄(广西钦州农业学校)

　　　　杨保卫(广西水产畜牧学校)

　　　　黄国京(广西百色农业学校)

P 前 言
PREFACE

　　本教材是应广西农牧工程学校开展中职畜牧兽医专业群建设项目"牛羊生产"课程建设而编写,供中等职业学校畜牧兽医专业教学使用。

　　《牛羊生产》为校本教材,共含9个项目,33个任务。书中项目一、项目七由朱炳华编写,项目二由李培娟编写,项目三由吕铭翰编写,项目四由李华慧编写,项目五由李权编写,项目六由何启文、花泽雄编写,项目八由咸燕燕、杨保卫编写,项目九由伍国荣、黄国京编写。

　　教材针对牛羊生产就业岗位需要完成的工作任务设计教学情境,以行业企业生产过程为依据确定教材结构框架,全书内容采用"项目-任务"框架,每个工作任务采用"学习任务、必备知识、实践案例、制订方案、实施过程、知识拓展、职业能力测试"结构进行编写,做到学习重点突出,兼顾知识的系统性,将相关的理论与实践任务有机融合,体现了较强的实用性。

　　本书编写过程中得到许多企业专家的大力支持,并提出了许多宝贵的意见。由于时间仓促,书中采用了部分互联网图片,但未能将这些图片原作者一一列出,在此表示由衷的感谢。由于编者水平有限,书中不妥之处,敬请同行专家和使用者批评指正。

编　者

2020 年 3 月 20 日

C目 录
ONTENTS

项目一
牛的品种

【学习任务】

品种优劣是影响养牛经济效益的关键因素。肉牛的品种数量众多,不同品种有不同的特点,从不同的肉牛品种中选出符合生产需要的品种,是养牛生产中一项重要的任务。

【必备知识】

在动物学分类上,牛可分为普通牛、瘤牛、牦牛、水牛等种类。根据来源划分,牛的品种类型可分为本地品种和国外引进品种。生产上常根据经济用途划分为乳用牛、肉用牛、兼用牛、役用牛。

肉用牛:主要指饲养后作肉用的牛,包括由普通牛和瘤牛或野牛杂交育成的牛品种。主要品种有利木赞牛、夏洛来牛、婆罗门牛、楼来牛等。

乳用牛:主要是指用来进行牛乳生产以及乳制品制作的牛。主要品种有荷斯坦牛和娟姗牛。

兼用牛:主要指饲养作乳肉兼用、乳役兼用或肉役兼用的牛。乳肉兼用牛的品种主要有短角牛、西门塔尔牛、瑞士褐牛、丹麦红牛、中国草原红牛等。

役用牛:主要指饲养作使役用的牛,有中国的黄牛和水牛等。有的黄牛也可役肉兼用,水牛也作乳役兼用。

【实践案例】

作为牛羊生产管理技术人,牛场需要引进一批肉用种牛,请你针对所在地区的特点,从不同的牛品种中选出符合当地的品种,以用于杂交改良或直接用于生产。

【制订方案】

完成本任务的工作方案见表1-1。

表 1-1　完成本任务的工作方案

步骤	内容
步骤一	了解生产中常见肉牛品种的外貌特征、生产性能、品种特点和应用
步骤二	根据本场地的性质、规模、生产条件及技术水平合理选择肉牛品种

【实施过程】

步骤一、了解生产中常见肉牛品种

▶ **一、利木赞牛**

(1)原产地和分布　利木赞牛原产于法国中部利木赞高原,世界许多国家有分布,我国自 1974 年起从法国引入,现广泛分布于全国各地。

（2）外貌特征　体型中等偏大,头短小,额宽,胸部宽深,体躯较长,后躯肌肉丰满,四肢粗短。毛色由红到黄,深浅不一。口鼻、眼圈周围、四肢内侧及尾帚毛色较浅,角为白色,蹄为红褐色。公牛成年体重 950～1 200 kg,母牛 600～800 kg(图1-1)。

图 1-1　利木赞牛

（3）生产性能　利木赞牛产肉性能高,胴体质量好,出肉率高,在肉牛市场上很有竞争力。生长速度快,哺乳期平均日增重为 860～1 100 g,屠宰率 63% 以上,肉质优良,大理石纹状明显。

（4）适应性　利木赞牛适应性强,对牧草选择性不严,耐粗饲,喜放牧;改良当地黄牛,杂交后代外貌好,体型改善,肉用性能提高。

▶ 二、夏洛来牛

（1）原产地和分布　夏洛来牛原产于法国夏洛来省,我国于 1964 年和 1974 年曾大批引入。

（2）外貌特征　体大力强,被毛白色或乳白色,头短宽,角圆长,颈粗短,胸宽深,肋骨弓圆,背宽肉厚,体躯圆筒,荐部宽长而丰满,大腿肌肉向后突出,常见"双肌臀"。成年公牛体重 1 100～1 200 kg,母牛 700～800 kg(图1-2)。

图 1-2　夏洛来牛

（3）生产性能　生长速度快,饲料转化率高,育肥期日增重可达 1 880 g,12 月龄体重可达 500 kg,屠宰率 60%～70%。

（4）适应性与杂交效果　耐寒耐粗,对我国各地都适应,改良本地黄牛效果好。杂一代毛色乳白或浅黄,初生体重较本地黄牛提高 30%,周岁体重提高 50%,屠宰率提高 5%。

▶ 三、安格斯牛

（1）原产地和分布　安格斯牛起源于苏格兰东北部的阿伯丁、安格斯和金卡丁等郡,目前世界上多数国家都有该品种牛。我国先后从英国、澳大利亚和加拿大等国引入,目前主要分布在新疆、内蒙古、东北、山东等北部省、自治区。

（2）外貌特征　安格斯牛以被毛黑色和无角为其重要特征,故也称其为无角黑牛。该牛体躯低矮、结实、头小而方,额宽,体躯宽深,呈圆筒形,四肢短而直,前后档较宽,全身肌

图1-3 安格斯牛

肉丰满,具有现代肉牛的典型体型。成年公牛平均重700~900 kg,母牛500~600 kg,公母牛成年体高分别为130.8 cm和118.9 cm(图1-3)。

(3)生产性能 安格斯牛具有良好的肉用性能,表现早熟,胴体品质高,出肉多。屠宰率一般为60%~65%,哺乳期日增重900~1 000 g,育肥期日增重平均700~900 g。肌肉大理石纹很好。

(4)适应性 该牛适应性强,耐寒抗病。缺点是母牛稍具神经质。黑毛色也与我国大部分地区的牛种相差大。

四、海福特牛

(1)原产地和分布 原产于英国,现分布于世界许多国家。

(2)外貌特征 典型的肉用牛体型,颈粗短,多肉,垂皮发达,体躯圆筒,腰宽平,臀宽厚,肌肉发达,四肢短粗,侧望矩形,毛色橙黄或黄红色,有"六白"的特征。成年公牛重850~1 100 kg,母牛600~700 kg(图1-4)。

(3)生产性能 日增重率高,200 d内日增重约1 120 g,周岁重约410 kg,屠宰率60%~65%,肉质好。

(4)适应性 较耐寒,杂交效果好。

图1-4 海福特牛

五、楼来牛

(1)原产地和分布 楼来牛原产于澳大利亚,由安格斯牛选育而成,也称澳洲矮牛。我国于1996年首次引进,广西于2000年引进,主要分布于广东、广西。

(2)外貌特征 被毛黑色,头较笨重,颈粗短,颈肩结合良好,体型具有长、宽、深、粗、矮等特点,腹部紧缩不垂,尻部圆润丰满,四肢短粗,蹄大结实。成年公牛重600 kg,母牛400 kg(图1-5)。

(3)生产性能 初生体重23 kg,平均日增重500~700 g,饲料利用率高。肥育牛屠宰率65.6%,净肉率70%,肉质好,呈良好的大理石纹状,适合快速生产高档牛肉。

(4)适应性和杂交效果 亚热带和温带气候条件,对环境要求不高,耐粗放,具有早熟、早肥、改良肉质能力强、遗传力高、抗病力强等特点,是改良南方小型黄牛的理想品种。

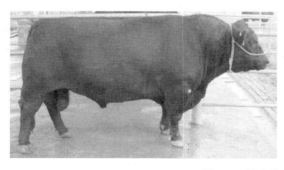

图 1-5 楼来牛(左公,右母)

六、婆罗门牛

(1)原产地和分布　婆罗门牛原产于美国西南部,是美国育成的肉牛品种。我国 1980 年开始引进婆罗门牛,主要分布于南方各省份,应用于杂交繁育。

(2)外貌特征　婆罗门牛头或颜面部较长,耳大下垂。有角,两角间距离宽,角粗,中等长。公牛瘤峰隆起,母牛瘤峰较小。垂皮发达。体躯长、深适中,尻部稍斜,四肢较长。母牛的乳房及乳头为中等大。毛色多为银灰色。成年公牛重 900 kg,母牛 540 kg(图 1-6)。

(3)生产性能　母牛产乳量高,犊牛生长速度快,上膘快,出肉率高,胴体质量好。

(4)适应性与杂交效果　婆罗门牛具有耐

图 1-6 婆罗门牛

苦耐热,合群性好,好奇胆小的特点,主要用于改良我国南方炎热地区黄牛转向肉用牛。

步骤二、根据本场地的性质、规模、生产条件及技术水平合理选择肉牛品种

(1)分析本场地的性质,是国有、集体还是私营,资金来源等情况;牛场规模大小,拟购牛的数量;生产条件如饲料条件、牛舍条件、生产水平等。

(2)根据本场条件,对照不同品种的牛特点,选出符合本场条件的牛品种引进。

【知识拓展】

- 牦牛

牦牛是高寒地区的特有牛种,是世界上生活在海拔最高处的哺乳动物。中国是世界牦牛的发源地,是世界牦牛数量最多的国家。中国现有牦牛约 1 400 万头,约占世界牦牛总数的 94% 以上。我国牦牛品种主要有四川省的九龙牦牛,西藏自治区的高山牦牛,甘肃省的天祝白牦牛,青海的高原牦牛、大通牦牛等。主要分布在喜马拉雅山、昆仑山、阿尔金山及祁连山所环绕的青藏高原上,以及海拔 3 000 m 以上的西藏、青海、新疆、甘肃、四川、云南等省区。除中国外,与我国毗邻的蒙古、中亚地区以及印度、不丹、锡金、阿富汗、巴基斯坦等国家均有少量分布。牦牛适应高寒生态条件,耐粗、耐劳,善走陡坡险路、雪山沼泽,能游渡江河激流,有"高原之舟"之称。牦牛全身都是宝。藏族人民衣食住行烧耕都离不开它。人们吃牦牛肉,喝牦牛奶,烧牦牛粪。它的毛可做衣服或帐篷,皮是制革的好材料。它既可用于农耕,又可在高原作运输工具。

【职业能力测试】

一、填空题

1. 根据生产用途,牛的分类有:＿＿＿＿、＿＿＿＿、＿＿＿＿、＿＿＿＿。
2. 世界著名的肉用牛品种有:＿＿＿＿、＿＿＿＿、＿＿＿＿、＿＿＿＿。

二、判断题

( )1. 利木赞牛的原产地是英国。

( )2. 夏洛莱牛原产地是法国。

( )3. 安格斯牛全身毛色是白色。

( )4. 安格斯牛是无角牛。

( )5. 楼来牛是有角牛。

( )6. 楼来牛体型具有长、宽、深、粗、矮等特点。

( )7. 婆罗门牛是美国育成的品种。

( )8. 在我国,婆罗门牛主要分布于北方。

任务二　认识乳用牛、兼用牛、水牛品种

【学习目标】

通过学习,从不同的乳牛品种中选出符合生产需要的品种。

【实践案例】

作为牛场的生产管理者,请针对不同经济用途的特点,选出符合本地或本场需要的乳牛、兼用牛品种。

【制订方案】

完成本任务的工作方案见表1-2。

表 1-2　完成本任务的工作方案

步骤	内容
步骤一	了解生产中常见乳牛、兼用牛、水牛品种的外貌特征、生产性能、品种特点和应用
步骤二	根据本场地的性质、规模、生产条件及技术水平合理选择合适品种

步骤一、了解生产中常见乳牛、兼用牛、水牛品种的外貌特征、生产性能、品种特点和应用

一、乳牛品种

(一)荷斯坦牛

(1)原产地和分布　荷斯坦牛俗称黑白花牛,原产荷兰北部的北荷兰省和西弗里生省,是世界上分布范围最广的牛品种。由于各国对荷斯坦牛选育方向不同,分别育成了乳用型和乳肉兼用两大类型。

(2)外貌特征　荷斯坦牛体格高大,结构匀称,皮薄骨细,皮下脂肪少,乳房庞大,乳静脉明显,后躯较前躯发达,具有典型的乳用型外貌。被毛细短,毛色呈黑白花斑,额部有白星,腹下、四肢下部尾帚为白色。成年公牛体重900～1 200 kg,母牛550～750 kg(图1-7)。

图1-7　荷斯坦牛

(3)生产性能　乳用型年平均产乳量5 000～8 000 kg,乳脂率3.6%～3.8%,产乳量高;乳肉兼用型年平均产乳量4 000～6 000 kg,乳脂率可达4.2%以上,经育肥的荷斯坦牛屠宰率可达55%～62.8%,且增重速度快,肉质好。

(4)适应性和杂交效果　荷斯坦牛适应性强,对饲料条件要求较高,较耐寒,耐热性稍差。用荷斯坦牛与本地黄牛杂交,其毛色呈显性,对于提高产乳量效果非常明显。

(二)娟姗牛

(1)原产地和分布　娟姗牛也被称为泽西牛,原产于英国的泽西岛。

(2)外貌特征　体质紧凑,额部凹陷,两眼突出,角中等,颈细长,中后躯发育良好,乳房形态好,毛色以褐色为主。成年公牛体重650～700 kg,母牛360～400 kg(图1-8)。

(3)生产性能　平均产乳量:3 000～3 600 kg,乳脂率5%～7%。

(4)适应性和杂交效果　耐寒耐热性均好,饲料利用率高,与我国黄牛体形外貌相似,杂交后外貌无明显变化,产奶性能提高。

二、兼用牛品种

(一)西门塔尔牛

(1)原产地和分布　西门塔尔牛原产于瑞士阿尔卑斯山区,是世界上分布最广,数量最

图1-8 娟姗牛

多的乳、肉、役兼用品种之一。

(2)外貌特征 体格粗壮结实,头部轮廓清晰,嘴宽,眼大,角细致,被毛有红白花和黄白花;前躯较后躯发育好,肌肉丰满,四肢粗壮,蹄圆厚;乳房发育好。成年公牛体重800～1 200 kg,母牛650～800 kg(图1-9)。

图1-9 西门塔尔牛

(3)生产性能 生长速度较快,公犊牛日增重800～1 000 g,1.5岁活重440～480 kg,3.5岁活重公牛1 080 kg,母牛634 kg。产奶量3 500～4 000 kg,乳脂率3.9%。公牛肥育后屠宰率为65%,母牛在半肥育状态下,屠宰率53%～55%。

(4)适应性和杂交效果 适应性强,耐粗饲,易饲养,饲料报酬高,遗传性能稳定。广西畜牧研究所经8个杂交组合的筛选,确认西门塔尔牛是改良本地黄牛较理想的当家品种。

(二)秦川牛

(1)原产地和分布 秦川牛产于陕西省关中平原,是我国著名的役肉兼用品种。

(2)外貌特征 秦川牛全身被毛细致光泽,以紫红色和红色居多;体型大,头部大小适中,角短而钝,公牛颈粗短,颈峰隆起,垂皮发达,胸宽深,背腰平直,骨骼粗壮,肌肉丰满,四肢粗大,蹄质坚实。成年公母牛平均体重分别为594 kg和381 kg(图1-10)。

(3)生产性能 秦川牛挽力大,步伐快,役用性能好,容易育肥,中等饲养条件平均日增重为公牛700 g,母牛550 g,平均屠宰率可达64%,肉质细致,大理石纹明显,肉味鲜美,主要指标已经达到国外专用肉牛品种的标准。

图 1-10　秦川牛(左公,右母)

(三)南阳牛

(1)原产地和分布　南阳牛原产于河南南阳地区,是我国著名的役肉兼用型品种。

(2)外貌特征　南阳牛毛色以深浅不一的黄色居多,红色、草白色次之,鼻镜淡红色,腹下及四肢毛色较淡;体格高大,肌肉发达,结构紧凑,皮薄毛细,体质结实,鬐甲较高,肩部宽厚,胸骨突出,肋间紧密,背腰平直,腹部较小,荐部略高,四肢端正,蹄质坚实。成年公母牛平均体重分别为 710 kg 和 464 kg(图 1-11)。

(3)生产性能　役用能力强,挽力大,肉用性能较好,育肥期平均日增重 813 g,屠宰率 55.6%,优质牛肉比例高。

图 1-11　南阳牛

(四)晋南牛

(1)原产地和分布　晋南牛原产于山西省。在我国黄牛中属大型役肉兼用品种。

(2)外貌特征　毛色以枣红色居多,黄色、褐色次之,体格粗大,前躯发达,胸围大,背腰宽阔,后躯较窄;头较长,顺风角,肩峰不明显。成年公母牛平均体重分别为 607 kg 和 339 kg(图 1-12)。

生产性能:役用能力强,挽力大,断奶后肥育 6 个月平均日增重 961 g,强度育肥屠宰率达 60.95%,净肉率 51.37%,与夏洛来牛杂交效果良好。

图1-12 晋南牛

（五）鲁西牛

（1）原产地和分布 鲁西牛原产于山东省，是我国著名的大型役肉兼用品种。

（2）外貌特征 被毛有棕色、深黄、黄和淡黄色，而以黄色居多，具有"三粉"特征，即口轮、眼圈、腹下和四肢内侧毛色较浅，体型大，胸深广，腹围大；结构较为细致紧凑，肌肉发达，角多为"龙门角"，后躯发育较差。成年公母牛平均体重分别为645 kg和365 kg（图1-13）。

（3）生产性能 肉用性能良好，一般育肥屠宰率为55%～58%，净肉率为45%～48%，肉质细致，大理石纹明显，是生产高档牛肉的首选国内品种。

图1-13 鲁西牛

（六）隆林黄牛

（1）原产地和分布 原产于广西隆林县，主要分布于桂西北地区。

（2）外貌特征 体型中等，毛色以黄色为主，鼻镜、眼睑、肛门多呈黑色，而肛门及眼眶周围被毛多呈白色。公牛肩峰高大、肉垂发达。成年体重公牛350 kg，母牛255 kg（图1-14）。

（3）生产性能 耐粗饲，在适当补料时，6月龄体重106 kg，1岁体重159 kg。善爬高山、陡坡，具有较强的耕作能力。

（七）雷琼牛

（1）原产地和分布 原产于广东省雷州半岛和海南省琼山区。

（2）外貌特点 毛色以黄色居多，黑色、褐色次之。公牛角长，略向外弯曲，母牛角短，或无角，垂皮发达，肩峰隆起，四肢结实，蹄坚实，皮薄而有弹性（图1-15）。

图 1-14　隆林黄牛

图 1-15　雷琼牛

（3）生产性能　公母牛体重分别为 255 kg 和 234 kg，平均屠宰率 49.5%，净肉率 37.2%，肉质细嫩、肉味鲜美。

三、水牛品种

（一）中国水牛

（1）原产地和分布　中国水牛属于沼泽型，目前我国水牛存栏量约 2 200 万头。主要分布在我国淮河以南的水稻产区，尤以两广、两湖、四川及云贵等省份较多。

（2）外貌特征　头部长短适中，前额平坦较窄，眼大，稍突出，口方大，鼻镜黑色（白牛肉色），耳中等大小，向左右平伸，角呈新月形或弧形，鬐甲隆起，宽厚，肩胛倾斜，胸宽而深，肌肉发达，背腰宽广略凹，腰角粗大突出，尻斜，后躯发育较差，尾粗短，四肢粗壮，前肢开阔，后肢多呈 S 状，系部干燥。母牛乳房呈碗形，乳头短小，乳静脉不明显。全身被毛长而稀疏，毛色为深灰色或淡灰色，少数白色。成年公牛体重 600 kg，母牛 550 kg（图 1-16）。

（3）生产性能　役力强，持久力强，以性情温顺，易调教、耐粗、耐劳著称。乳、肉性能潜力大，性成熟年龄 1.5 岁，适配年龄 2.5～3 岁，肉用性能一般较差，平均屠宰率 46%～50%，净肉率 35%，母牛平均产奶量 770 kg，乳脂率高达 7.4%～11.7%。

图 1-16　中国水牛

(二)摩拉水牛

(1)原产地和分布　原产于印度,俗称印度水牛,主要分布于印度、巴基斯坦、中国和东南亚国家。

(2)外貌特点　体形高大,四肢粗壮,体型呈楔形,头较小,前额稍微突出,角呈螺旋形,皮薄而软,富光泽,被毛稀疏,皮肤黝黑;母牛乳房发育良好,乳静脉弯曲明显,乳头粗长。成年公牛平均体重 969.0 kg,母牛 647.9 kg(图 1-17)。

(3)生产性能　世界著名的乳用水牛品种,泌乳期平均产奶量 2 700~3 600 kg,乳脂率 7.6%。

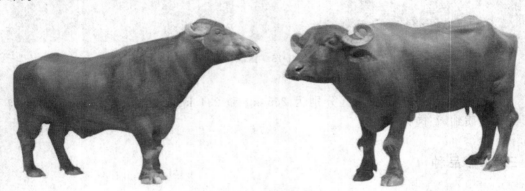

图 1-17　摩拉水牛

(三)尼里-拉菲水牛

(1)原产地和分布　原产于巴基斯坦,在我国主要分布在广西、广东、湖北、云南、贵州等省份。

(2)外貌特点　外貌近似摩拉水牛,皮肤被毛为黑色或棕色,额部、尾帚为白色,显著特征是玉石眼(眼虹膜缺乏色素)。母牛乳房发达,乳头长,乳区分布均匀,乳静脉明显。成年公牛体重 800 kg,母牛 600 kg(图 1-18)。

(3)生产性能　产奶量高,泌乳期平均产奶量为 2 000~2 700 kg,乳脂率为 6.9%。平均日增重 890~960 g,屠宰率 50%~55%。

图1-18　尼里-拉菲水牛

步骤二、根据本场地的性质、规模、生产条件及技术水平合理选择合适品种

以上介绍了主要的乳用牛、兼用牛品种和类型,其各有特点。乳牛品种选育程度较高,经济用途特征明显,乳用品种产乳性能高。兼用牛品种肉用乳用性能都比较高,适合我国饲料资源和市场需要。我国地方品种虽然生长速度慢,产乳产肉性能低,但繁殖力高,适应性更强,耐粗饲,要求不高。根据本场地的性质、规模、生产条件及技术水平合理选择牛品种,采取杂交的方法,培育新的品种或者直接用于商品肉牛的生产。

【知识拓展】

- 中国水牛的类型

我国水牛只有一个品种,根据分布地区、生态条件和体型大小,可分为4个类型:滨海型(主要分布于东海海滨,如上海水牛和海子水牛等,属大型水牛)、平原湖区型(主要分布于长江中下游平原湖区,如湖南的滨湖水牛、湖北的江汉水牛、江西的鄱阳湖水牛,体型中等)、高原平坝型(主要分布于高原平坝地区,如四川的德昌水牛、云南的德宏水牛等,体型中等)、丘陵山地型(主要分布在长江中下游及以南低山丘陵地带,如广东的兴隆水牛、广西的西林水牛等,体型较小)。

【职业能力测试】

一、填空题

1.我国中原黄牛四大品种是_____、_____、_____、_____。

2.世界著名的兼用牛品种有_____、_____。

3.我国主要黄牛品种有_____、_____、_____、_____、_____。

4.中国水牛主要分布在我国_____以南,可分为_____、_____、_____、_____4个类型。

二、选择题

1.下列属于乳肉兼用牛的品种是(　　)。

A.西门塔尔牛　　　　B.荷斯坦牛　　　　C.夏洛来牛　　　　D.利木赞牛

2.下列牛中,属于肉牛品种的是(　　)。

A.楼来牛　　　　　　B.西门塔尔牛　　　　　C.南丹黄牛　　　　　D.摩拉水牛

三、判断题

(　　)1.利木赞牛是专门的乳用牛品种。

(　　)2.西门塔尔牛为我国优良役用黄牛品种。

(　　)3.荷斯坦牛的耐热性优于耐寒性。

(　　)4.摩拉水牛原产地是我国。

(　　)5.尼里-拉菲水牛显著特征是玉石眼。

项目二
牛的选种与选配

任务一　牛的外貌选择

【学习任务】

学习并掌握用外貌选择的选种方法选出符合生产要求的牛个体,留作种用。

【必备知识】

选择即选种,是一种综合选择活动,目的是从畜群中选出优良的个体留作种用,把不良的个体淘汰。常用的选种方法有个体选择、系谱选择、体质外貌评定、生产性能评定、后裔测定等。

(1)个体选择　通过个体品质鉴定和生产性能的测定进行选择。个体选择简单易行,是育种工作中普遍采用的一种选择方法。实践证明,只有对于遗传力中等以上的性状,选择效果才比较理想。个体选择包括①产奶性能:母牛必须有头胎产奶记录,泌乳期为 305 d,有时也有 365 d。乳用指标现在变为 4 项,即:产奶量、乳脂率、乳蛋白率、体细胞数(检测乳腺炎)。平均每年至少有 10 次测定日记录。②饲料转化率:饲料成本是养牛的主要成本,因而必须研究其转化率,一般多采用间接研究法。③体质外貌:牛的体质外貌与产奶性能有密切关系,也与长寿、终生产奶量有密切关系,本节我们将重点掌握牛的外貌选择技术。④生长发育的选择:日增重、眼肌面积、犊牛断奶重、周岁重等,该选择法多用于肉牛。

(2)系谱选择　根据系谱记载的祖先资料,如生产性能、生长发育及其他有关资料进行分析评定的办法。分析系谱时,一般只考虑 2～3 代,重点应放在亲代上,祖先在遗传上对后代的影响程度随着代数的增加而相对降低。牛的系谱分为横式和竖式系谱两种(表 2-1)。

表 2-1　横式系谱

Ⅰ	母				父			
Ⅱ	外祖母		外祖父		祖母		祖父	
Ⅲ	外祖母的母亲	外祖母的父亲	外祖父的母亲	外祖父的父亲	祖母的母亲	祖母的父亲	祖父的母亲	祖父的父亲

(3)同胞选择　根据本同胞性能选种。如某公牛姐妹产奶量高,可以认为这头公牛的产奶性能也是高的。对肉牛胴体品质诸性状采用同胞选择法更是必需的,因为这些性状种畜本身不可能直接测得,但是,这种选择方法的可靠度不高。

(4)后裔测定　根据待选留个体的后代表现决定选留。这是诸种选择方法中最可靠的选种方法。即将选出的种牛与一定数量的母牛配种,对后代成绩加以测定,从而评价该种牛的优劣(图 2-1)。后裔选择需要时间长,耗费多。后代表现优劣评定方法主要有母女对比法和同期同龄比较法。同期同龄比较法是将种公牛的女儿与其他公牛的同期同龄女儿做对比,是现在采用较普遍的方法。

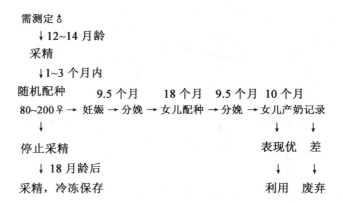

需测定♂
↓12~14 月龄
采精
↓1~3 个月内
随机配种　　　　9.5 个月　　18 个月　　9.5 个月　　10 个月
80~200♀ → 妊娠 → 分娩 → 女儿配种 → 分娩 → 女儿产奶记录
↓　　　　　　　　　　　　　　　　　　　　　↓　　　↓
停止采精　　　　　　　　　　　　　　　　表现优　　差
↓18 月龄后　　　　　　　　　　　　　　　↓　　　↓
采精，冷冻保存　　　　　　　　　　　　利用　　废弃

图 2-1　种公牛后裔测定

【实践案例】

有人计划建一个种牛场，怎样体型的牛才是种牛的理想体型外貌呢？他应该通过什么方法选择适合本地饲养的种牛呢？

【制订方案】

完成本任务的工作方案见表 2-2。

表 2-2　完成本任务的工作方案

步骤	内容
步骤一	掌握不同用途牛的体质外貌特点
步骤二	依据选种要求熟练应用外貌选择法选出适合当地饲养的牛

【实施过程】

步骤一、掌握不同用途牛的体质外貌特点

(一)乳牛的理想外貌

(1)整体要求　全身清秀,皮薄骨细,轮廓分明,血管显露,被毛细短,皮肤有光泽,后躯较前躯发达,从侧望、前望、上望体型均呈"楔形"(图 2-2),体质属细致紧凑型。

(2)各部位要求　头部较小,狭长而清秀,额宽,眼大而活泼,耳薄而柔软灵活,口方正,口岔深,角细致而富有光泽。颈部狭长而薄,垂肉小而柔软,颈侧多细小的纵行皱褶,与头部、肩部结合良好。鬐甲要平或稍高。胸要深,肋骨宽而长,肋间隙大。背腰要平直,结合良好。腹部要饱满,呈圆桶状,为充实腹,不宜下垂成"草腹"或向上收缩成"卷腹"。腰角显露,尻部宽平,外生殖器大而肥润,闭合良好;尾细长直达飞节,尾根与背腰在同一水平线。四肢发育健全,肢势端正,蹄部致密而坚实。

(3)乳房要求　乳牛的乳房要求大而延伸,附着良好,呈"浴盆状";乳区匀称;乳头大小适中,呈柱状垂直,松紧适宜,无漏乳,无赘生乳头;乳静脉粗大弯曲,多分枝;乳镜宽大;乳房质地要求为"腺质乳房",这样的乳房富有弹性,内部腺体组织发育良好(图 2-3)。而"肉质乳

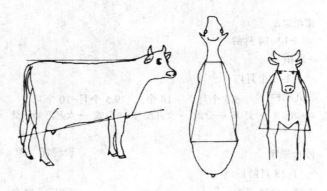

图 2-2　乳牛的理想外形

房"属不良乳房。2006 年制定出适宜中国荷斯坦牛的线性评定方法,即《中国荷斯坦牛体型线性鉴定规程》。

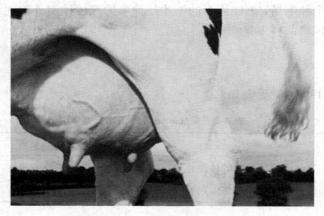

图 2-3　乳牛理想的乳房

　　总之,乳牛的理想外貌要求是"三宽三大",即"背腰宽,腹围大;腰角宽,骨盆大;后裆宽,乳房大"。

　　(二)乳肉兼用牛的理想外貌

　　(1)整体要求　体质结实,骨骼健壮,结构匀称,各部位结合良好,全身被毛细短,肌肉丰满,体躯略呈长方砖形。

　　(2)各部位要求　头部大小适中,眼大而有神,头颈结合良好;颈肩结合良好;前躯较发达,鬐甲宽平,胸宽深,肋骨开张;背腰平直,腹部充实,大小适中;尻部长、宽、平,荐尾结合良好;乳房附着紧凑,前伸后延,呈盆状,质地柔软而富有弹性,乳静脉粗长弯曲,乳头长短适中,分布均匀;四肢结实,大腿肌肉丰满,肢势端正,蹄质坚实。

　　(三)肉牛的理想外貌

　　(1)整体要求　全身被毛细短,皮薄骨细,肌肉丰满,皮下脂肪发达,体格充实,前后躯均发达,中躯短,体躯呈圆筒形,上观、侧观呈"长方砖形"(图 2-4),体质属细致疏松型。

　　(2)各部位要求　头短、额广、面宽而多肉,口岔深,角细致;颈短而宽厚,垂肉发达;鬐甲

图 2-4　肉牛的理想外形

低平,宽厚多肉,与背腰在同一水平线上;前胸饱满,突出于两前肢之间;肋骨长而弯弓大,肋间隔小;背腰宽广平直,多肉;䐃窝浅,腰角丰圆而不突出;尻宽长平直,富有肌肉;四肢相对较短,上部宽而多肉,下部短而结实,左右两肢间距离大,蹄质细致而有光泽。

　　总之肉牛的理想外貌要求是"五宽五厚",即"额宽颊厚,颈宽垂厚,胸宽肩厚,背宽肋厚,尻宽臀厚"。

步骤二、根据外貌选择技术要求,从牛群体中选出符合要求的个体

　　(1)个体评分　根据不同用途要求,对照评分标准,先整体,再局部,对个体进行评分。
　　(2)种牛选择　根据评出分数按高低顺序,综合评价,选出符合要求的个体。

【知识拓展】

　　1.犊牛及育成牛的选择

　　对初生犊牛的选择首先可以通过系谱鉴定进行。根据其祖先情况,估测其今后的生产性能而决定选留。系谱选择应以3~5代祖先记录为主。其次,按生长发育选择,以体尺、体重为依据,主要测定初生、6月龄(肉牛为8月龄)、12月龄、18月龄体尺和体重。初生重是最主要的指标,一般要求达到该品种成年体重的5%~7%。最后,根据体型外貌选择,要求符合本品种特征,体躯结构匀称,四肢端正,各部位、器官组织无畸形,方可留用。经以上方法初步选留的犊牛,仍需进一步观察,发现不足应及时淘汰。

　　2.种母牛的选择

　　乳用生产母牛除了系谱选择外,主要根据本身表现进行选择。母牛本身表现包括体质外貌、体重与体形、产乳性能、繁殖力、早熟及长寿性等。最主要是根据生产性能进行评定,在正常情况下,要求母牛一年产一犊,泌乳期305 d,而且产乳量、乳脂率、乳蛋白率高,排乳速度快,泌乳均匀性好。肉用母牛达18月龄时,要称一次体重并测一次体尺。

　　3.种公牛的选择

　　种公牛是影响乳牛群遗传品质的重要因素,俗话说"母牛好,好一线;公牛好,好一片",种公牛的选择非常重要,选择的标准也十分严格。种公牛选择,首先要审查系谱,其次审查

公牛外貌表现及发育情况,最后还要根据种公牛的后裔测定成绩,以判断其遗传性能是否稳定。

(1)根据系谱选择　备选种公牛父亲必须是经后裔测定并证明为优良的种公牛,外祖父也必须是经过后裔测定的种公牛。另外,祖先生产性能应一代胜于一代,3代以上祖先记录必须清楚、完整。

(2)根据本身表现选择　种用公犊初生重要求在 38kg 以上;6 月龄达 200 kg 以上;12 月龄达 350 kg 以上;体质健壮,外貌符合品种特征,结构匀称,无明显缺陷;14～16 月龄采精,精液品质符合国家标准,外貌评分不得低于一级,种子公牛要求特级。

(3)根据后裔测定进行选择　先根据系谱、本身表现选出待测定的后备公牛,于 12～14 月龄开始采精,3 个月内随机给 80～200 头及以上胎次为 1～5 胎的母牛配种,配种后公牛停止采精,待 18 月龄时再继续采精,但不能参加生产上的配种,精液只能冷冻保存。然后根据被测定公牛女儿的生产成绩(肉牛后裔有进行育肥或屠宰性能测定的,并作饲料报酬记录)由研究单位对公牛进行育种值的估计,根据育种值的大小给公牛排出名次,评出优劣。最后评定为优秀的公牛可在生产中推广使用,对评为劣质的公牛及其精液则全部淘汰。种公牛后裔测定要耗费大量人力、物力和时间,但根据后裔测定选择种公牛,是最直接的方法,效果最为可靠。目前已成为国际上绝大多数国家选择优秀种公牛的主要手段。我国在乳牛业中已经应用,未经后裔测定的种公牛禁止留作种用。

【职业能力测试】

一、填空题

1.牛的选择方法有 _____、_____、_____、_____。

2.牛的个体选择包括 _____、_____、_____。

3.乳牛的理想外貌要求是"三宽三大",即 _____。

4.肉牛的理想外貌要求是"五宽五厚",即 _____、_____、_____、_____、_____。

5.后裔测定中判断公牛女儿成绩的方法有两个,分别是 _____、_____。

二、选择题

1.牛的选择方法中,最可靠的是 _____。

A.个体选择　　　　B.系谱选择　　　　C.体质外貌评定　　　　D.后裔测定

2.乳牛理想体型应呈 _____。

A.楔形　　　　B.长方形　　　　C.圆柱形　　　　D.倒梯形

3.肉牛理想体型应呈 _____。

A.楔形　　　　B.长方形　　　　C.圆柱形　　　　D.倒梯形

三、判断题

(　)1.种乳牛的腹型应为充实腹。

(　)2.乳牛理想的乳房质地应为肉质乳房。

(　)3.乳牛理想乳房形状应为盆状。

(　)4.犊牛的选择采用外貌选择最可靠。

(　)5.乳用种公牛不必经过后裔选择即可用于生产。

四、问答题

1.乳用牛的理想外貌整体要求是怎样的？

2.肉用牛的理想外貌整体要求是怎样的？

3.简述公牛后裔选择的过程。

任务二　牛的体尺测量和体重估测

【学习任务】

掌握牛体尺测量和体重估测技术，懂得判断牛的生长发育情况。

【必备知识】

1.牛体测量部位的认识（图2-5）。

体高（鬐甲高）：鬐甲最高点到地面的垂直距离。

荐高（尻高）：荐骨最高点到地面的垂直距离。

十字部高：两腰角前缘隆凸连线，交于腰线一点到地面的垂直距离。

体斜长：肩端前缘到坐骨端外缘的距离（估测体重时用卷尺测量）。

体直长：肩端前缘与坐骨端外缘的两条垂线之间水平距离。

胸深：鬐甲后缘到胸基垂直的最短距离。

胸宽：两侧肩胛骨后缘的最大距离。

腰角宽：两腰角隆凸间的距离。

坐骨宽：两坐骨外凸的水平最大距离。

髋宽：两髋关节外缘的直线距离。

尻长（臀长）：腰角前缘到坐骨端外缘的长度。

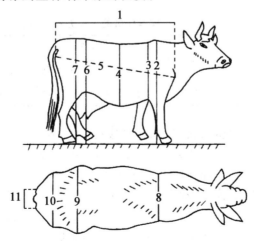

1.体直长　2.体高　3.胸深　4.腹围　5.体斜长　6.十字部高

7.荐高　8.胸宽　9.腰角宽　10.髋宽　11.坐骨宽

图2-5　牛体尺测量部位

胸围:肩胛骨后缘体躯的垂直周径。

腹围:腹部最大的垂直周径。

后腿围:后肢膝关节处的水平周径。

管围:前肢掌部上 1/3 最细处的水平周径。

2.牛体重估测的公式

体重是牛培育的一项重要指标,它可以了解牛的生长发育情况,并以此作为配合日粮的依据。体重估测是根据牛的体重与体尺的关系计算出来的。由于牛的品种、类型、年龄、性别、膘情等不同,难以找出一个统一的估重公式,应根据实际情况,分别应用。下面是几种不同类型牛的估重公式,可供参考。一般误差不超过 5% 即认为是精确的。

(1)适用于肉牛的体重估测公式

$$体重(kg) = (胸围)^2(m^2) \times 体直长(m) \times 100$$

(2)适用于本地黄牛和改良牛的体重估测公式

$$体重(kg) = (胸围)^2(cm^2) \times 体斜长(cm) \div 10\ 800$$

(3)适用于乳牛或乳肉兼用牛的体重估测公式

$$体重(kg) = (胸围)^2(m^2) \times 体直长(m) \times 87.5$$

(4)适用于水牛的估重公式

$$体重(kg) = (胸围)^2(m^2) \times 体直长(m) \times 80 + 50$$

【实践案例】

对牛场内的育成牛进行体尺测量,并通过估重公式进行估重,判断其生长发育情况。

【制订方案】

完成本任务的工作方案见表 2-3。

表 2-3 完成本任务的工作方案

步骤	内容
步骤一	用测杖、皮尺、卷尺测量,依次测量牛的体尺
步骤二	依据测得数据,采用适当的公式估计牛的体重

步骤一、用测杖、皮尺、卷尺测量,依次测量牛的体尺

测量时,将牛拴于宽敞平坦、光线充足的场地上,使牛四肢直立,头自然前伸,姿势正常,然后按要求对各部位测量。测量操作应迅速准确,注意安全。

(1)用测杖测量以下体尺:体高、荐高、十字部高、体斜长、体直长。

(2)用圆形触测器测量以下体尺:胸宽、胸深、腰角宽、坐骨宽、髋宽、尻长。

(3)用皮卷尺测量以下体尺:体斜长、胸围、腹围、后腿围、管围。

用测得的相关数据,选用适合的估重公式,对被测牛的体重进行估重。牛的生长发育鉴定指标主要有体尺测量和体重测量,不同品种的牛生长发育速度、时间各不相同,要对照不同品种牛标准,方可做出判断。

牛羊生产

22

步骤二、依据测得数据,采用适当的公式估计牛的体重

(1)选择适宜的估算公式。

(2)将测得数据代入公式,计算被测牛的体重。

(3)与地磅测得的牛体重实重比较,计算误差。

【知识拓展】

根据数据文件,按《中国荷斯坦牛体型鉴定技术规程》中的外貌评分等级划分,对体型总分进行归类分析。该等级评分共分为 6 个等级,即:优(excellent,Ex)90~100 分;很好(very good,VG)85~89 分;好佳(good plus,GP)80~84 分;好(good,G)75~79 分;一般(fair,F) 65~74;差(poor,P)64 分以下。

【职业能力测试】

一、填空题

1.牛的体尺测量常用工具有_____、_____、_____。

2.对本地黄牛进行体重估测时,必须测量的体尺项目是_____、_____。

3.对肉用牛进行体重估测时,必须测量的体尺项目是_____、_____。

二、判断题

(　)1.测量牛的体尺时,应使牛四肢直立,头自然前伸,姿势正常。

(　)2.牛的体高是指牛头到地面的高度。

(　)3.牛的腹围是指腹部最大的垂直周径。

(　)4.管围是指牛颈部最细处的周径。

三、问答题

1.牛体尺测量有哪些意义?

2.牛体尺测量要注意哪些事项?

任务三　牛的年龄鉴定

【学习任务】

学会牛的年龄鉴定方法,重点掌握齿龄鉴定的技术。

【必备知识】

牛的年龄鉴定方法有系谱鉴定、齿龄鉴定和角轮鉴定等,这里主要介绍齿龄鉴定法。

牛牙齿的种类、数目和齿式　牛的牙齿分乳齿和永久齿 2 类。最早长出的称为乳齿,随着年龄的增长,由于磨损、脱落而逐渐换生为永久齿,不再脱换。乳齿和永久齿在颜色、形态、排列、大小等方面均有明显区别(表 2-4)。

表 2-4　牛乳齿与永久齿的区别

特征	乳齿	永久齿
齿形	小、薄,有齿颈	粗壮,齿冠长
齿间间隔	有而且大	无
颜色	洁白齿	根呈棕黄色,齿色白而微黄
排列	不整齐	整齐

牛的乳齿有 20 枚,永久齿有 32 枚。乳齿和永久齿均包括下切齿(门齿)4 对 8 枚(图 2-6)和白齿上下 2 排左右各 3 枚共 12 枚,均无犬齿。永久齿比乳齿多了上下 2 排左右各 3 枚共 12 枚后白齿。牛的 4 对下切齿由内而外分别叫作钳齿、内中间齿、外中间齿和隅齿,牛的齿式为:

$$乳齿(20)=\frac{003(上切齿+上犬齿+前白齿)}{403(下切齿+下犬齿+前白齿)}\times 2$$

图 2-6　不同年龄牛的牙齿变化

$$永久齿(32)=\frac{0033(上切齿+上犬齿+前白齿+后白齿)}{4033(下切齿+下犬齿+前白齿+后白齿)}\times 2$$

【实践案例】

对牛场内的成年牛进行齿龄鉴定,判断其年龄。

【制订方案】

完成本任务的工作方案见表 2-5。

表 2-5　完成本任务的工作方案

步骤	内容
步骤一	掌握牛门齿变化与年龄关系的规律
步骤二	依据规律,对牛进行年龄鉴定

【实施过程】

步骤一、掌握牛门齿变化与年龄变化的规律

犊牛出生时,第一对门齿就开始长成,此后 3 月龄左右,其他门齿也陆续长齐(图 2-7)。1.5 岁左右,第一对乳门齿换生,此后每年脱换 1 对乳门齿;到 5 岁时,4 对乳门齿全部换成,此时的牛俗称"齐口"。在牛的门齿脱换过程中,新长成的牙面也同时开始磨损,5 岁以后的年龄鉴定,主要依据门齿的磨损规律进行判断。1.5~12 岁普通牛的门齿磨损与年龄增长规律如表 2-6。

图 2-7　牛的乳齿

表 2-6　牛门齿的换生与磨损规律

年龄	门齿变化情况
1.5~2 岁	第一对乳门齿（钳齿）脱落换生永久齿
2.5~3 岁	第二对乳门齿（内中间齿）脱落换生永久齿
3.5~4 岁	第三对乳门齿（外中间齿）脱落换生永久齿
4.5~5 岁	第四对乳门齿（隅齿）脱落换生永久齿
5~6 岁	前三对永久齿重磨，第四对也出现磨损
7~8 岁	第一对门齿齿面由横椭圆形变成方形
8~9 岁	第二对门齿齿面由横椭圆形变成方形
9~10 岁	第一对门齿齿面由方形变成圆形，第三对门齿齿面由横椭圆形变成方形
10~11 岁	第一对门齿齿面由圆形变成三角形，第四对门齿齿面由横椭圆形变成方形

由于环境条件、饲养管理状况以及畸形齿等因素影响，牛的门齿常有不规则磨损。一般早熟品种永久齿的更换较早，反之则较晚。采食粗硬饲料和放牧为主的牛，门齿磨损较快。一般相同的门齿脱换和磨损特征水牛的相应年龄要比黄牛约增加 1 岁。

步骤二、利用门齿变化与年龄关系的规律，判断牛的年龄

将牛拴系好后，站立在牛头部左侧，用左手将牛头抬起，使之呈水平状态。右手插入牛左侧口角无齿区，使牛口张开，露出门齿（图 2-8），先观察门齿是乳齿还是永久齿，再看更换情况。如门齿已全部更换，要仔细观察门齿的磨面状况进行判断。根据被鉴定牛门齿的变化特征，结合实际情况，对牛的年龄做出判断。

【知识拓展】

角轮鉴定法判断牛的年龄　牛由于一年四季受到营养水平的影响，角的长度和粗度出现生长程度的变化，从而形成长短、粗细相间的纹路，称为角轮（图 2-9）。牛在自然放牧或依赖自然饲草的情况下，青草季节，营养丰富，角生长较快；而枯草季节，营养不足，角生长较慢。故每年形成 1 个角轮。因此，根据角轮数估计牛的年龄即角轮数加上无纹理的角尖部位的生长年数（约 2 年），即等于牛的实际年龄。

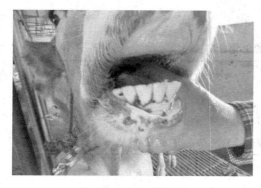

图 2-8　牛齿龄鉴定

图 2-9　牛的角轮

一、填空题

1.牛的年龄鉴定方法有_____、_____和_____等。

2.牛的乳齿有_____枚,永久齿有_____枚。

3.黄牛一般在_____岁左右,换生第一对乳门齿;到_____岁时,4对乳门齿全部换成,此时的牛俗称_____。

二、判断题

(　　)1.黄牛在3岁时第一对乳门齿脱落换生永久齿。

(　　)2.一般相同的门齿脱换和磨损特征黄牛的相应年龄要比水牛约增加1岁。

(　　)3.黄牛一般在5岁时更换第四对门齿,此时俗称"齐口"。

(　　)4.牛的角轮数就是牛的年龄数。

任务四　牛的杂交改良

【学习任务】

熟练应用杂交技术,改良本地品种,提高牛的生产性能。

【必备知识】

我国本地牛长期作为役用,乳用、肉用性能较差。随着生活水平提高,牛乳、牛肉的消费需求急剧增加。因此,必须采用杂交方法,改变牛的生产用途,常用的杂交方法有级进杂交、导入杂交、育成杂交、经济杂交等。

【实践案例】

请你设计一个合理地利用我国现有品种资源,培育出适应我国特点的优良品种,使本地品种向乳用、肉用或兼用方向发展的杂交改良方案。

【制订方案】

完成本任务的工作方案见表2-7。

表2-7　完成本任务的工作方案

步骤	内容
步骤一	了解不同的育种方法
步骤二	了解牛的经济杂交
步骤三	根据需要选择合适的杂交方法

牛羊生产

【实施过程】

步骤一、了解不同的育种方法

(一)级进杂交

又称为改造杂交。其方法是利用优良品种公牛与本地品种母牛交配,经过逐代的级进过程,后代表现理想时,进行横交固定,培育出新品种。其特点是:在保留本地品种适应性强等优点的同时,彻底改造原有品种。我国乳牛就是用引进的荷斯坦公牛与本地母黄牛级进杂交发展起来的(图 2-10)。

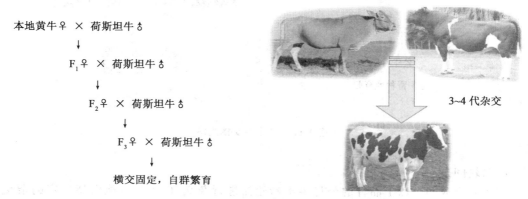

本地黄牛♀ × 荷斯坦牛♂
↓
F$_1$♀ × 荷斯坦牛♂
↓
F$_2$♀ × 荷斯坦牛♂
↓
F$_3$♀ × 荷斯坦牛♂
↓
横交固定,自群繁育

3~4 代杂交

图 2-10　级进杂交模式图

(二)引入杂交

又称导入杂交或改良性杂交。当某一个品种绝大部分性状已经满足生产需要,但还存在个别的较为显著的缺陷或在主要经济性状方面需要在短期内得到提高,而这种缺陷又不易通过本品种选育加以纠正时,可利用另一品种的优点纠正其缺点,而使牛群趋于理想。一般导入交配 1 次,以后将符合要求的杂种牛互相交配或根据需要进行 1~2 次回交,即导入外血在后代血缘中占 12.5%~25%。导入杂交的特点是:在保持原有品种牛主要特征特性的基础上通过杂交克服其不足之处,进一步提高原有品种的质量而不是彻底改造。

(三)育成杂交

通过杂交来培育新品种的方法称为育成杂交,又叫创造性杂交。它是通过两个或两个以上的品种进行杂交,使后代同时结合几个品种的优良特性,以扩大变异的范围,显示出多品种的杂交优势,并且能创造出来亲本所不具备的有益性状,提高后代的生活力,增加体尺、体重,改进外形缺陷,提高生产性能,有时还可以改善引入品种不能适应当地特殊的自然条件的生理特点。

步骤二、了解牛的经济杂交

经济杂交也叫生产性杂交。经济杂交包括两品种或两品种以上杂交、轮回杂交、轮回-"终端"公牛杂交体系等。

(一)二元杂交

即用两个品种的公母牛进行杂交,所产杂种一代,无论公母均不留作种用,全部作商品肉牛肥育出售。一般多以本地黄牛为母本,选择理想的引入品种作父本,杂交优势率可高达

20%(图 2-11)。

(二)三元杂交

是先用两个品种杂交,后代中公牛育肥作商品肉牛用,母牛留种,再和第三个品种的公牛杂交,所产生的杂种二代,无论公母,全部育肥的方法。三元杂交可比二元杂交获得高出2%～3%的杂种优势。

本地黄牛♀ × 西门塔尔牛♂

↓

F$_1$

公牛育肥

母牛留种或育肥

图 2-11　二元杂交模式图

(三)轮回杂交

指用两个或两个以上品种的公母牛不断轮流进行杂交,使逐代都能保持一定的杂交优势,以获得较高而稳定的生产性能。轮回杂交可以大量使用轮回杂种母牛,只需引进少量纯种父本即可连续进行杂交。

(四)轮回-"终端"公牛杂交体系

在两品种或三品种轮回杂交后代母牛中保留 45% 的母牛用于轮回杂交,其余 55% 的母牛选用生长快、肉质好的品种公牛("终端"公牛)配种,以其取得更大杂种优势,是一种兼顾留种和商品生产的杂交方法(图 2-12)。

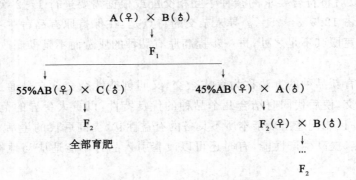

A(♀) × B(♂)

↓

F$_1$

55%AB(♀) × C(♂)　　　　　45%AB(♀) × A(♂)

↓　　　　　　　　　　　　　　　↓

F$_2$　　　　　　　　　　F$_2$(♀) × B(♂)

全部育肥　　　　　　　　　　...

F$_2$

图 2-12　轮回-"终端"杂交模式图

步骤三、杂交组合的选定

(1)配合力测定　牛的最佳杂交组合需进行配合力测定,配合力是指不同牛种群通过杂交能够获得杂种优势的程度,一般用杂种优势率表示杂种优势的程度,杂种优势率越高,杂交组合的效果越好。

$$H = \frac{\overline{F} - \overline{P}}{\overline{P}} \times 100\%$$

式中,H 表示杂种优势率,$\overline{F}$ 表示子代平均值,$\overline{P}$ 表示亲本平均值。

(2)确定最佳杂交组合　根据不同杂交组合的配合力大小确定最佳杂交组合。

【知识拓展】

● 种间杂交

指不同种(属)间公母牛的杂交,也称远缘杂交。现代养牛业常采用种间杂交。如澳大利亚利用欧洲黄牛与瘤牛杂交,培育出具有良好抗热性和抗病力的新品种(抗旱王牛、婆罗福特牛等)。20 世纪 50 年代,美国利用美洲野牛与欧洲肉牛杂交育成了著名的肉牛新品种"比法罗牛"。

种间杂交杂种优势明显,但杂交不育是其主要障碍。种间杂交如黄牛与其他牛种间杂交的可行性及结果如下:

黄牛×瘤牛——完全可行,后代能育

黄牛×牦牛——可行,但后代中雄性不育

黄牛×水牛——不可行,不能获得后代

种间杂交不育的根本原因在于牛种间染色体数目、形态和结构的差异。

【职业能力测试】

一、选择题

1.以下种间杂交不能获得后代的是_____。

A. 黄牛×水牛　　　　B. 黄牛×瘤牛　　　　C. 黄牛×牦牛　　　　D. 瘤牛×牦牛

2.中国荷斯坦牛育成采用的交杂方法是_____。

A. 级进杂交　　　　B. 导入杂交　　　　C. 育成杂交　　　　D. 三元杂交

3.牦牛与黄牛杂交属于_____。

A. 级进杂交　　　　B. 三元杂交　　　　C. 轮回杂交　　　　D. 种间杂交

二、判断题

(　)1. 黄牛与水牛杂交不能获得后代。

(　)2. 级进杂交能改造原有品种的生产方向。

(　)3. 引入杂交后代是以原有品种血缘为主。

(　)4. 二元杂交可比三元杂交获得更高的杂种优势。

(　)5. 轮回-"终端"杂交是一种兼顾留种和商品生产的杂交方法。

二、问答题

1.用图示简述轮回-"终端"杂交方法。

2.简述中国荷斯坦牛的育成过程。

项目三

牛 的 繁 殖

【学习任务】

准确把握发情鉴定技术,可以及时发现发情的母牛,准确把握配种时间,防止误配和漏配,减少空怀,提高受胎率。畜牧工作者应该掌握牛的几种发情鉴定技术。

【必备知识】

一、发情

发情是母畜发育到一定阶段所表现出的周期性性活动现象。可将发情周期分为发情前期、发情期、发情后期、间情期4个时期。黄牛、乳牛、水牛发情期平均为21 d。

二、母牛性机能的发育

母牛性机能的发育是一个由发生、发展直至衰退停止的过程(表3-1)。

表3-1 母牛性机能发育的时间

畜种	初情期 /月龄	性成熟 /月龄	初配年龄 /月龄	利用年限 /岁	发情周期 /d
黄牛	6~12	8~15	18~24	15~22	18~24
乳牛	6~8	8~10	18~24	15~22	18~24
水牛	10~15	15~20	36~48	15~22	16~25

(一)初情期
指母牛第一次出现发情或排卵的年龄。
(二)性成熟
指母牛生殖器官发育成熟,可排出能受精的卵子,形成了有规律的发情周期,具备繁殖后代能力,称为性成熟。
(三)初配年龄
母牛生殖器官和身体均发育成熟,具备了正常的繁殖功能的时期。这一时期,母牛体重约占成年重的70%。饲养管理条件和本身生长发育较好的母牛,配种年龄可早些;饲养管理条件较差、生长发育不良的,配种时间应推迟。
(四)利用年限
指母牛繁殖机能明显下降,不能继续留作种用的年龄。

【实践案例】

　　假设你是牛场的配种技术员,你如何鉴定母牛是否发情呢?

【制订方案】

　　完成本任务的工作方案见表 3-2。

表 3-2　完成本任务的工作方案

步骤	内容
步骤一	掌握母牛的发情鉴定方法
步骤二	采用综合评定方法鉴定母牛是否发情

【必备知识】

步骤一、掌握母牛的发情鉴定方法

(一)外部观察法

　　以外部观察法来鉴别发情牛只,一般早中晚各观察一次,发情检出率分别为 87.6%、77.9%、51.7%。观察时间应为:早上 6～7 时;中午 10～11 时;下午 5～7 时。主要观察母牛的外部表现和精神状态来判断其发情情况(表 3-3、图 3-1、图 3-2)。

表 3-3　母牛发情期各阶段表现

观察项目		发情初期	发情盛期	发情末期
精神变化		母牛表现兴奋不安,对外界刺激敏感,喜欢哞叫	交配欲强烈,有时发呆,食欲下降,产乳量下降	逐渐转为安静
爬跨行为		往往有其他母牛跟随、欲爬,但不接受;常尾随、爬跨其他牛	走动减少,接受其他牛爬跨,站立不动,后肢张开,频频举尾	不再接受爬跨,背部、臀部有被爬跨过的痕迹
外阴部变化		阴户轻微充血肿胀,流透明黏液,稀薄,牵缕性差	阴户肿胀,流出大量透明黏液,牵缕性强	阴户肿胀减退,阴道黏液量少,牵缕性差
持续时间/h	黄牛	3～8	5～15	5～10
	水牛	12～24	8～12	8～12

图 3-1　爬跨行为

图 3-2　外阴部流黏液

(二)阴道检查法

用开膣器对发情母牛进行检查。发情母牛的子宫颈口充血开张,有大量透明黏液流出,阴道壁潮红。不发情的母牛阴道苍白、干燥,子宫颈口紧闭,无黏液流出(图 3-3)。

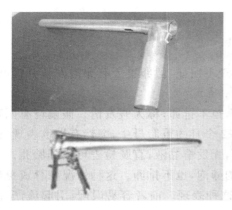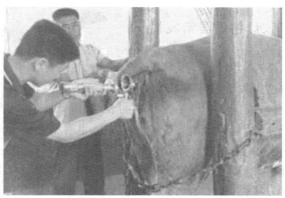

图 3-3 阴道检查法

(三)试情法

用试情公牛爬跨母牛,根据母牛接受爬跨的情况来判断是否发情。试情法有两种:一种是将结扎输精管的公牛放入母牛群中试情,夜间公母分开,根据公牛追逐爬跨情况以及母牛接受爬跨的程度来判断母牛是否发情;另一种是将试情公牛接近母牛,如母牛喜靠近公牛,并作弯腰弓背姿势,表示可能发情。

(四)直肠检查法

具体做法是:先保定母牛,检查者将指甲剪短、磨光,手臂上涂润滑剂,先掏出粪便。再将手伸入肛门,找到子宫颈、子宫角、卵巢,重点检查卵巢上卵泡的发育情况来判断母牛是否发情。

步骤二、采用综合评定方法鉴定母牛是否发情

一般发情鉴定的顺序是先用外部观察、试情法等鉴定方法初步判定,然后再用阴道检查法、直肠检查法等鉴定方法确诊。

【知识拓展】

◆ 一、牛的发情特点

(1)持续时间短　母牛发情持续时间平均为 18 h,一般是 6～36 h。因此,要勤于观察母牛发情,以免错过配种机会。

(2)排卵在交配欲结束后　黄牛排卵时间在交配欲结束后 6～15 h,水牛 5～24 h。

(3)发情后生殖道有排血现象　青年牛、营养良好的母牛常在发情后的 2～3 d 发生子宫出血,从阴道流出。

(4)发情时子宫颈开口小　母牛子宫颈肌肉层特别发达,而且有 2～3 圈环状皱褶,使得

子宫颈管道很窄细而弯曲,即使在发情时,子宫颈开张程度也很小。

（5）安静发情出现率高　水牛、舍饲乳牛中有不少母牛卵巢上虽然有成熟卵泡,也能正常排卵,但其外部发情表现却不明显,甚至观察不到,常常造成漏配。

▶ 二、母牛的异常发情

（1）隐性发情　又称为安静发情,指母牛发情表现不明显,但卵巢上有卵泡发育并排卵。牛的这类发情时间短,又不易观察,很容易漏情失配。

（2）假发情　母牛有发情的表现,但无卵泡发育,也不排卵,称为假发情。假发情有两种情况:一是有的母牛妊娠4～5个月,也有临产前1～2个月的重胎母牛,突然有性欲表现,爬跨他牛,特别是接受爬跨。阴道检查,子宫颈口收缩,无发情黏液;直肠检查可摸到胎儿。二是母牛具备发情的各种外部表现,但卵巢内无发育的卵泡,也不排卵。这种情况在育成母牛群较为多见;患子宫内膜炎或阴道炎的母牛也常有这种表现。前者容易误配,引起流产;后者则屡配不孕,因此应认真检查,不可疏忽大意。

（3）持续发情　母牛正常的发情持续时间很短,但有的母牛连续2～3 d或更长的时间发情不止,称为持续发情。主要原因有以下两种:

①卵泡囊肿。由于卵泡不断发育,分泌过多的雌激素,导致母牛发情不止。卵泡囊肿在乳牛中发病率最高。若不经治疗,这类母牛很难受孕。

②卵泡交替发育。由于母牛两侧卵巢上有2个或更多卵泡交替发育,交替产生雌激素,而使母牛持续发情。这类母牛一般是后发育的卵泡成熟排卵,配种能受孕。

（4）乏情　引起母牛不发情的原因较多,常见的有以下几种:

①持久黄体。在卵巢上有一个或数个应该消失而没有消失的黄体。这类牛只要没有子宫和输卵管的并发症,在黄体除去或消失后,多数病牛于2～10 d出现发情,配种后能受孕。

②黄体囊肿。整个卵巢增大,有波动,大小与卵泡囊肿相似,但壁较厚、较软。仅作直肠检查容易发生误诊,配合进行血液或乳汁的孕酮测定能提高诊断的准确性。

③泌乳性不发情。常见于高产乳牛,在泌乳盛期内分泌不平衡,出现隐性发情或不发情。也有哺乳期间的母牛,因犊牛吸乳刺激抑制了促性腺激素的释放而不发情。

④其他原因。如母牛营养不良、疾病、年龄过老、异性孪生母犊等,都可能使母牛不能正常发情。

【职业能力测试】

一、填空题

1. 母牛发情周期为_____ d,一般利用年限为_____年。

2. 发情鉴定的方法主要有_____、_____、_____、_____。

二、选择题

1. 母牛发情鉴定最常用的方法是_____。

A. 外部观察法　　　　B. 试情法　　　　C. 阴道检查法　　　　D. 直肠检查法

2. 母牛发情持续时间一般为_____。

A. 1～6 h　　　　　　B. 6～36 h　　　　C. 36～54 h　　　　D. 54～72 h

3.母牛连续 2~3 d 或更长的时间发情不止,称为_____。

A.持续发情   B.隐性发情   C.假发情   D.乏情

三、问答题

1.牛的发情有哪些外部表现?

2.牛的发情有哪些特点?

3.简述如何通过直肠检查鉴定母牛是否发情。

4.母牛异常发情有哪些种类?

任务二　牛的配种

【学习任务】

学习并了解牛的配种方法,重点掌握牛的直肠把握人工授精技术。

【必备知识】

在畜牧业发展过程中,牛的配种方式经历了自然交配、人工辅助交配、人工授精、冷冻精液配种的发展过程。

一、配种的方式

(一)自然交配

公、母畜直接交配,又可根据人为干预的程度分为如下 3 种方式:

(1)自由交配　公、母畜常年混牧放养,一旦母畜发情,公畜即与其随意交配。目前在偏远的山区、牧区,这种配种方法依然存在。

(2)分群交配　在配种季节内,将母牛分成若干小群,每群放入经选择的一头或几头公牛,任其自然交配。这样实现了一定程度的群体交配,配种次数也得到了适当的控制。

(3)人工辅助交配　公母畜严格分开饲养,只有在母畜发情配种时才按照原定的选种选配计划,令其与特定的公畜交配。该方法增加了种公畜可配母畜头数,延长了种公畜的利用年限,可以有计划地选种选配,建立系谱,有利品种改良。

(二)人工授精

利用器械将公畜精液采出,经稀释处理,再利用器械将精液输入发情母畜生殖道内,以代替自然配种的方法称为人工授精。人工授精可以提高优秀种牛的利用率,节约饲养大量种公牛的费用,加速牛群的遗传进展,并可防止疾病传播。

二、配种时间和输精量

把握好配种的时机,是提高受胎率的关键。

(1)牛的适时配种(输精)时间　可以从三方面考虑:一是母牛发情开始后 12~18 h 进行配种。如上午 9 时以前发现发情,当日午后配种;9~14 时发情,当日晚配种;下午发情,次日早晨配种。二是母牛性欲刚消失到消失后 5 h 内配种。这时发情母牛已不接受爬跨,表现安静,阴道黏液由稀薄透明转为黏稠微混,用食指和拇指拈取黏液再拉缩 7～8 次不断。三是做直肠检查,卵泡突出卵巢表面,泡壁薄、紧张波动明显,有一触即破之感,此时配种最合适。在配种后 10～12 h 再进行一次排卵检查,如果卵泡仍没有破裂排卵,应再配种一次。

母牛一般在产后 20～70 d 发情,产后配种时间,主要考虑母牛的健康恢复状况以及母牛的经济利用性。为了缩短产犊间隔,达到母牛每年产一胎,必须在产后的 85 d 内受胎。一般在产后的 40～60 d 发情配种最为适宜。

正确掌握发情配种时机,还要考虑母牛的年龄、健康状况、环境条件等因素。对于年老体弱的母牛,配种时间应适当提前。在炎热的夏季,尽量避免在气温较高的时候配种。一般而言,黄牛的初配年龄在 1.5～2 岁,水牛的初配年龄在 2.5～3 岁。

(2)牛的输精量　液态精液,牛的输精量为 1～2 mL/头。冷冻精液因颗粒和细管不同,一般为 0.1～0.25 mL/头,输入的有效精子为 0.2～0.5 亿。

【实践案例】

如果你是养牛场的配种技术员,如果有母牛发情,你如何采用直肠把握法给牛配种呢?

【制订方案】

完成本任务的工作方案见表 3-4。

表 3-4　完成本任务的工作方案

步骤	内容
步骤一	做好直肠把握输精前的准备工作
步骤二	采用直肠把握法给母牛输精

【实施过程】

步骤一、做好直肠把握输精前的准备工作

(1)精液的准备　冷冻精液(解冻后活率 0.3 以上,温度在 35℃左右)、0.1％高锰酸钾溶液、一次性直肠检查手套、牛输精枪、开腔器、手电筒、水浴锅、剪刀、水桶、毛巾等。

(2)输精枪准备　将冷冻精液解冻,剪去封口端,剪口端向前放入外套管中,输精器通针向后拉出约 15 cm,将外套管套在输精器上装好(图 3-4)。

(3)人员的准备　输精人员应穿好工作服,要将指甲剪短、磨光,对手臂进行清洗、消毒。需要将手伸入直肠时,手臂还应涂上润滑剂或套上一次性乳胶手套。

(4)母牛的准备　根据发情鉴定时做的标记找到发情母牛,再次观察其发情状况。

步骤二、采用直肠把握法给母牛输精

将母牛尾部拉向一侧,用高锰酸钾水擦拭外阴,并用毛巾擦干。左手戴上长臂手套,涂少量石蜡油,伸入直肠,掏出宿粪。左手伸至直肠狭窄部后,向骨盆腔底下压,找到子宫颈。稍用力将子宫颈向前推,使阴道壁拉直,方便输精器向前推进到子宫颈外口附近(图 3-5)。

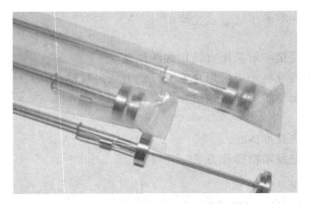

图 3-4　牛用输精枪

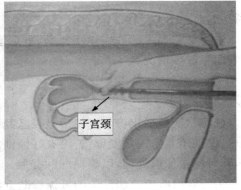

子宫颈

图 3-5　直肠把握输精法

分开母牛外阴,将输精枪向前上方插入阴道 10 cm。左右手配合,使输精枪前端对准子宫颈外口,调整输精器前端,使之进入子宫体内。确认输精器到达子宫体时,将精液缓慢注入,再慢慢抽出输精器。整个过程要做到"适深、慢插、轻注、缓出、防止逆流"。

对配种后的母畜应做好配种记录,配种记录可以根据具体情况参照表 3-5 进行设计。

表 3-5　母畜配种记录表

母畜号	发情日期	配种日期	复配日期	与配公畜号	精子活力	备注

＊ 如对外配种应在表中设计有:户主、地址、品种等信息。

【职业能力测试】

一、填空题

1.母黄牛的初配年龄一般在_____岁,水牛一般在_____岁。

2.母牛一般在产后_____d 发情配种。

3. 母牛人工授精一般采用_____法。

二、判断题

（　　）1. 牛的人工授精一般采用直肠把握法输精。

（　　）2. 现代乳牛场母牛一般采用自然交配的方法进行输精。

（　　）3. 冷冻精液无须解冻即可输精。

三、问答题

1. 母牛的配种方法有哪些？

2. 简述牛的直肠把握输精操作方法。

任务三　牛的妊娠诊断

【学习任务】

学习并掌握牛的妊娠诊断技术，重点掌握预产期推算方法。能够采用多种诊断方法综合判断牛妊娠情况。

【必备知识】

妊娠诊断是确定母牛配种后是否已经妊娠的诊断技术。确认已经妊娠则应该加强饲养管理，保证胎儿的正常发育；若没有妊娠则应注意观察下次情期，抓好再配种工作，并查找原因，针对问题加以处理，以确保配种受胎。畜牧工作者应该掌握牛妊娠期与预产期的推算；熟悉牛妊娠诊断的方法。牛的妊娠诊断方法很多，有外部观察法、直肠检查法、阴道检查法、超声波法、激素含量测定法等。在生产中通常采用直肠检查法，该方法方便可靠，但技术人员必须经过长期的实践才能掌握。

【实践案例】

假设你是牛场的技术员，母牛配种后，你该怎样诊断母牛是否妊娠呢？

【制订方案】

完成本任务的工作方案见表 3-6。

表 3-6　完成本任务的工作方案

步骤	内容
步骤一	采用外部观察法进行牛的妊娠诊断
步骤二	采用阴道检查法进行牛的妊娠诊断
步骤三	采用直肠检查法进行牛的妊娠诊断
步骤四	采用 B 型超声波诊断仪进行牛的妊娠诊断

【实施过程】

步骤一、采用外部观察法进行牛的妊娠诊断

对配种后的母牛，在下个发情周期到来前后，应注意观察是否再次发情；如不发情，则可能已受胎。但要区别隐性发情和假发情，以免造成误判。母牛妊娠后，性情变得安静，食欲增加，体况变好。妊娠5~6个月后，腹围有所增大，右下腹常可见到胎动，乳房显著发育（图3-6）。外部观察法虽然简单易行，但一般不能进行早期诊断。

图 3-6　怀孕后期母牛

步骤二、采用阴道检查法进行牛的妊娠诊断

可在母牛配种30 d后用开膣器进行检查。妊娠母牛阴道黏膜干燥、苍白、无光泽，插入开膣器时阻力较大，干涩感明显，且发现子宫颈口偏向一侧，呈闭锁状态，有子宫颈黏液栓堵塞子宫颈口。未孕牛阴道与子宫颈黏膜为粉红色，具有光泽。

步骤三、采用直肠检查法进行牛的妊娠诊断

直肠检查法是妊娠诊断普遍采用的方法。具体操作方法同发情鉴定的直肠检查法。但要更加仔细，严防粗暴。检查顺序是先摸到子宫颈，然后沿着子宫颈触摸子宫角、卵巢，然后是子宫中动脉（图3-7）。

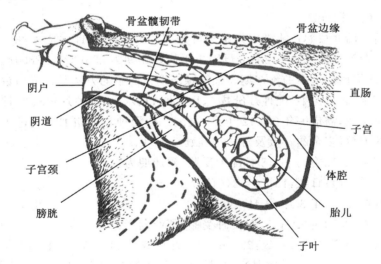

图 3-7　直肠检查诊断妊娠

妊娠30 d：孕侧卵巢有发育完善的黄体突出卵巢表面，因而卵巢体积较对侧卵巢增大1倍。子宫颈紧缩，质地变硬；两侧子宫角已不对称，孕角稍大于空角，质地变软，轻压有液体波动感；空角较硬而有弹性，弯曲明显，角间沟清楚。

妊娠60 d：母牛孕角比空角大1~2倍，而且较长，孕角内有波动感，轻压有弹性，形如水

袋,角间沟不清楚,可以摸到全部子宫;胎儿开始形成,但触摸不到。

妊娠 90 d:孕角大如排球、波动明显,子宫颈向前移至耻骨前缘,开始向腹腔下沉,有时可以触及胎儿,或在子宫背侧上有黄豆大小的子叶,角间沟已逐渐消失。

妊娠 120 d:部分子宫沉入腹腔,子宫颈越过耻骨前缘,已摸不清子宫轮廓,可触摸到子宫背侧明显突出的子叶,偶尔可以摸到胎儿,妊娠脉搏明显。

妊娠 150 d:全部子宫沉入腹腔底部,能够清楚地触及胎儿。子叶已增大如鸡蛋,子宫动脉变粗,妊娠脉搏十分明显。

妊娠 180 d 至足月:胎儿快速增大,位置移至骨盆前,能触及胎儿的各部分并感觉到胎动。

在生产中,直肠检查法是母牛妊娠诊断最方便可靠的方法,但较难掌握,需要经过长期的实践才能正确掌握。

步骤四、采用 B 型超声波诊断仪进行牛的妊娠诊断

用 B 型超声波诊断仪诊断母牛妊娠,是目前最具应用前景的早期妊娠诊断方法。术前将母牛保定在保定架内,将尾巴拉向一侧,清除直肠内的宿粪,必要时可对母牛进行灌肠,以方便检查。使用 5 MHz 的超声波探查,将探头隐在手心中,在手臂和探头上涂以润滑剂,将探头送入母牛直肠内。怀孕 40 d 左右的母牛,可在显示器上看到一个近圆形的暗区,即为母牛的胎泡位置,证明母牛已经妊娠。随着胎龄的增加,胎泡增大,形成的暗区也会增大。有的精密 B 型超声妊娠诊断仪诊断方法是将探头放置在右侧乳房上方的腹壁上,探头方向朝向子宫角,通过显示屏查看胎泡大小和位置。

【知识拓展】

● 妊娠期与预产期推算

从配种受精至胎儿成熟产出的时期称为妊娠期。母牛妊娠期一般为 280(270~285)d。母水牛平均妊娠期为 313(300~320)d;母牦牛平均妊娠期为 255(226~289)d。为了做好分娩前的准备,必须推算出母牛的预产期。推算预产期最简单的方法是依靠口诀:黄牛、乳牛,配种月份减 3,日数加 6;牦牛,配种月份减 4,日数加 11;水牛,配种月份减 2,日数加 9。如果配种月份小于所减数,需借一年(加 12 个月)再减。若配种日期相加后超过 1 个月,则减去预产期所在月的天数,多余的日数及月数均顺延至下月。

例 1:某母黄牛 2013 年 6 月 18 日配种受胎,预产期为:

月数:6-3=3(月);日数:18+6=24(日)。

预计该牛可在 2014 年 3 月 24 日产犊。

例 2:某母黄牛 2013 年 2 月 28 日配种受胎,预产期为:

月数:2+12-3=11(月);日数:28+6=34(日),减去 11 月的 30 日,即 34-30=4(日)再把月份加 1 个月,即 11+1=12(月)。预计该母牛可在 2013 年 12 月 4 日产犊。

【职业能力测试】

一、填空题

1.母牛妊娠诊断的方法主要有_____、_____。

2.某黄牛 2014 年 4 月 9 日配种受胎,推算其预产期应为_____。

3.关于妊娠期,母黄牛一般为＿＿＿＿＿＿d,母水牛平均为＿＿＿＿＿＿d。

二、选择题

1.对产后母牛进行配种,最适宜的时间应一般是产后＿＿＿＿＿＿d。

A.15～25 B.25～40 C.45～60 D.60～90

2.直肠检查法适宜于配种后＿＿＿＿＿＿d的孕牛检查。

A.15～25 B.25～40 C.60～85 D.115～150

3.某水牛在2020年7月12日配种受胎,预产期是＿＿＿＿＿＿。

A.2020-11-6 B.2021-4-18 C.2021-5-19 D.2020-12-12

三、判断题

( )1.母牛妊娠后2～3个月即可观察到明显的腹围增大。

( )2.母牛早期妊娠诊断一般可通过腹围增大确诊。

四、问答题

1.母牛妊娠后有哪些外部表现?

2.母牛妊娠诊断常用的方法有哪些?

任务四　牛的分娩与接产

【学习任务】

学习母牛分娩的生理特点,掌握牛的接产技术和难产处理技术。

【必备知识】

分娩是妊娠期满,母体将胎儿及附属物排出的过程,通常为3个阶段(表3-7):

表3-7　母畜分娩各阶段的时间表　　　　　　　　　　　　　　　　　　h

种类	开口期	胎儿产出期	胎衣排出期
黄牛	6(1～12)	0.5～4	2～8
水牛	1(0.5～2)	1/3	3～5

◆ 一、子宫颈开口期

从子宫阵缩起,到子宫颈口完全开张,与阴道的界限完全消失为止。这时期母体子宫只有阵缩而不出现努责。母体表现出不安的征状,走动、摇尾、踢腹等现象频繁出现,初产母牛更为明显。

◆ 二、胎儿产出期

从子宫颈完全开张起,到胎儿产出为止。此期阵缩和努责都出现。母牛表现烦躁,腹痛,呼吸和脉搏加快,经多次强烈努责后排出胎儿。牛的胎儿产出期持续时间为 0.5～4 h,产双胎时两胎间隔 1～2 h。

三、胎衣排出期

从胎儿排出到胎衣完全排出为止。胎儿排出后,母牛安静下来,经阵缩和轻微努责,将胎衣排出。

【实践案例】

作为繁殖技术员,当你发现你所在养殖场的母牛有分娩预兆的时候,你应该怎么做呢?母牛有难产的情况又应如何处理?

【制订方案】

完成本任务的工作方案见表 3-8。

表 3-8 完成本任务的工作方案

步骤	内容
步骤一	观察母牛分娩预兆
步骤二	做好接产前准备
步骤三	掌握母牛正常分娩的助产技术
步骤四	掌握母牛难产的助产及处理技术

【实施过程】

步骤一、观察母牛分娩预兆

随着胎儿逐渐成熟和产期临近,母牛在临产前会出现一系列的生理变化,根据这些变化,可以估计分娩时刻,以便做好接产准备。

图 3-8　乳房肿大

(一)乳房变化

乳房在分娩前发育迅速,并膨胀增大,有的还出现乳房浮肿。初产牛在妊娠 4 个月,特别是在妊娠后期,乳房发育更加迅速。经产牛产前 2～3 d 乳房发红、肿胀,有些母牛从乳房向前到腹、胸下部还可出现浮肿;用手可挤出初乳,有些甚至出现漏乳现象,当出现漏乳现象后说明即将分娩(图 3-8)。

(二)外阴部变化

母牛分娩前数天外阴部开始松软、肿胀,阴唇皱褶消失,阴门因水肿而裂开,阴道黏膜潮红,黏液由黏稠变稀薄。子宫栓软化从阴道

牛羊生产

排出,有时挂在阴户上(图 3-9)。

(三)骨盆韧带松弛

临产前 1~2 周骨盆韧带松弛,荐骨活动范围增大,用手握住尾根感到荐骨向上活动性增大。分娩前 24~48 h 可见尾根塌陷,经产牛更明显(图 3-10)。

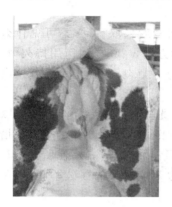

图 3-9　外阴水肿

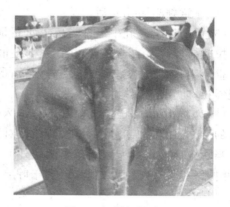

图 3-10　尾根塌陷

(四)行为变化

临产母牛表现活动困难,食欲减退或消失,起卧不安,尾部不时高举,常回顾腹部,后躯左右摆动,频频排粪、排尿,但量很少。部分母牛用前脚刨地,频频转动和起卧。

步骤二、做好接产前准备

在预产期前 10 d 应对产房和产床清扫消毒,并将临产母牛转入产房饲养。产房要求宽敞、清洁、保暖、环境安静,并于产前两三天在地面铺以清洁、干燥、卫生的柔软垫草。产前最好准备好助产用药品(强心剂、催产药等)和器械(产科绳、剪刀等),及体温计、听诊器等;助产员要剪齐、磨光指甲,并对手臂和母牛的外阴部做消毒处理。

步骤三、掌握母牛正常分娩的助产技术

多数母牛能够顺利完成分娩,一般不用人为干预,接产者主要做好监视分娩过程和护理犊牛。但适当的助产有利于缩短产程,同时产后母畜和仔畜都必须做一些必要处理(图 3-11)。

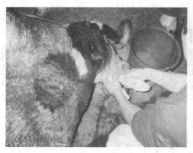

图 3-11　牛的接产

(一)正常的助产应注意以下问题

(1)充分利用自然分娩的力量,依靠母畜自身的阵缩和努责使胎儿排出。

(2)注意全身症状,观察其呼吸、脉搏,有时需要测量体温。

(3)注意是正生还是倒生,露出蹄后可看到蹄叉,蹄叉朝上为倒生,蹄叉朝下为正生。

(4)注意判断胎儿死活。

(5)帮助拉出。乳牛经常需要人工帮助拉出,要判断清楚后采取行动,不可见什么拉什么。拉时应注意:①产科绳结扎在系部趾最细处;②沿骨盆方向拉;③要均衡用持久力,要配合努责用力;④服从统一指挥,切忌蛮干;⑤保护外阴部,防止撕裂;⑥胎儿大部分拉出来后要缓慢拉,防止子宫外翻。

(6)为防止难产,当胎儿前置部分进入产道时,助产人员应消毒好手臂伸入产道以检查胎儿的胎向、胎位和胎势是否正常,以便对胎儿的反常姿势及时进行诊断并尽早采取措施处理。当看到胎儿的蹄、鼻、嘴露出阴门外但羊膜未破时,要及时将羊膜撕破,使胎儿的鼻嘴露出,并擦净鼻孔和嘴内的黏膜,以利于呼吸,防止窒息,但也不能过早的撕破羊膜,以免羊水流失过早。

(二)初生犊牛的护理

犊牛产出后,应先用毛巾擦干口腔中和鼻腔中的黏液,再擦干犊牛身体,也可以让母牛舔干。然后用5%～10%的碘酒消毒脐带断口,在距胎儿腹部4～5 cm结扎脐带,并剪断。接着,将蹄端的软蹄剥去,称其初生重,做好编号、登记等,在1 h内让犊牛吃上初乳。

发生窒息时,耐心地进行人工呼吸。方法是将犊牛侧卧在地上,有节律的按压腹部,使胸腔容积交替扩大和缩小,头部向下,以使心脏跳动。也可将其仰卧在地上做前后左右扩胸运动,使肺产生呼吸。

(三)母牛产后护理

母牛分娩后,要检查胎衣排出是否完全,如子宫有残留部分,应及时处置(图3-12,图3-13)。及时取走胎衣,防止被母牛吃掉,引起消化机能紊乱。

图3-12　产后母牛

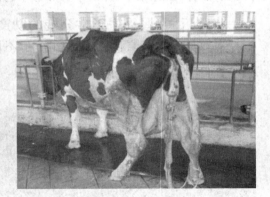

图3-13　胎衣不下

此后母牛还会从阴道排出恶露,恶露的排出可以反映子宫恢复的情况,产后第一天排出的恶露呈血样,以后逐渐变成淡褐色,最后变成无色透明黏液,直至停止排出,一般15～17 d即可排完。如果恶露呈灰褐色并伴有恶臭,且20多天不能排尽,或产后10多天未见恶露排出,是子宫内膜炎的表现,要尽早检查治疗。因此,产后一段时间要注意母牛外阴的清洁和消毒,防止蚊蝇起落。褥草要勤换,保持干净卫生。

母牛产后全身虚弱,疲劳口渴,食欲和消化能力差,这时可喂给 15～20 kg 温热的麸皮盐水(麦麸 1.5～2 kg、盐 50～100 g、红糖 0.25～0.5 kg),以暖腹充饥、增加腹压。之后喂给质量好、容易消化的饲料,量不宜过多,一般经 5～10 d 可逐渐恢复正常饲养。在天气晴朗时,要安排母牛适当的活动,每日 1 h 左右为宜。

为了避免引起乳腺炎,在母牛分娩期间可稍减饲料喂量,产后头 3 d 内应给予质量好、容易消化的优质干草和多汁饲料,量不宜太多,产后 3 d 以后,再逐渐增喂精料、多汁饲料和青贮饲料。

步骤四、掌握母牛难产的助产及处理技术

造成难产有母牛和胎儿两方面的因素:一是母牛骨盆口和产道狭窄、产道开张不全、子宫和腹壁收缩无力;二是胎儿过大、胎位不正、死胎、胎儿畸形和双胎。为防止难产,当胎儿前置部分进入产道时,助产人员应消毒好手臂,伸入产道检查胎儿的胎向、胎位和胎势是否正常,以便对胎儿的异常姿势及时诊断、尽早处理。发生难产时应根据具体情况当机立断,进行助产。

当发现胎儿的蹄、鼻、嘴露出阴门外但羊膜未破时,要及时将羊膜撕破,使胎儿的鼻、嘴露出,并擦净鼻孔和嘴内的黏膜,以利于呼吸,防止窒息,但也不能过早地撕破羊膜,以免羊水流失过早。

发生子宫迟缓时,救治必须及时。如果有羊水排出,要用手按摩母牛腹壁,并将下腹壁向上、向后推压,以刺激子宫收缩,促进子宫颈开张和松软,使胎儿的位置、姿势转入正常,然后再行牵引术救治。救治时一般使用专业的牵引器,当触摸到胎儿的两前肢和头部时,应轻轻地、拭探性地牵拉一下,然后用已消毒的绳子分别拴住胎儿的两前肢,将绳子的另一端拴在牵引器上,一点点牵拉出来,避免用力过度造成母牛宫颈损伤。胎儿头部和两前肢牵拉出来后,后半身即可顺利娩出。产后应立即给母牛注射破伤风抗毒素,预防感染,每头一次性注射 5 mL。为使母牛子宫收缩,应同时注射缩宫素,每头一次性注射 100 IU。

【知识拓展】

◉ 影响分娩过程的因素

(一)产力
指将胎儿从子宫中排出体外的力量,包括子宫肌阵缩力和腹肌、膈肌收缩的努责力。

(二)产道
是胎儿由子宫排出体外时的必经通道。它包括软产道(子宫颈、阴道、尿生殖前庭、阴门)和硬产道(骨盆)。其中骨盆的宽窄是决定胎儿能否正常分娩的主要因素。

(三)胎向、胎位和胎势(图3-14)
(1)胎向　是胎儿纵轴与母体纵轴的关系。有纵向、竖向和横向之分。胎儿纵轴与母体纵轴平行称纵向;上下垂直的称竖向;水平垂直的称横向。正常的胎向为纵向。

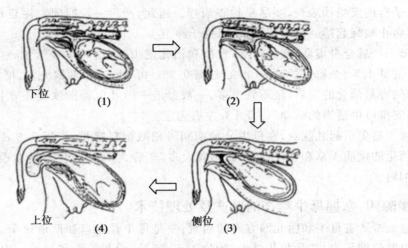

下位　(1)　(2)

上位　(4)　侧位　(3)

图 3-14　胎位和胎向

(2)胎位　是胎儿的背部与母体背部的关系。胎位有上位、下位和侧位之分。

上位:胎儿背部朝向母体背部,胎儿伏卧在子宫内。

下位:胎儿背部朝向母体的下腹部,胎儿仰卧在子宫内。

侧位:胎儿的背部朝向母体的腹部侧壁。有左侧位和右侧位之分。

(3)胎势　指胎儿本身各部分之间的关系。分娩前胎儿在子宫内的方向总是纵向,体躯卷曲,四肢弯曲,头部向胸部贴靠。分娩时,胎儿多是纵向,上位,头部前置(正生)。母牛产双胎时,多是一个正生,一个倒生(头部后置)。

【职业能力测试】

一、填空题

1.母牛分娩过程通常为 3 个阶段,分别是_____、_____、_____。

2.影响分娩过程的因素主要有_____、_____、_____。

二、判断题

(　)1.初产母牛分娩时开口期较经产母牛时间长。

(　)2.母牛分娩时正常胎位应是下位。

(　)3.母牛分娩时正常胎向应是横向。

(　)4.母牛难产以产力性难产最常见。

(　)5.母牛产双胎时,多是一个正生,一个倒生。

三、问答题

1.简述母牛的分娩预兆。

2.简述母牛的分娩过程。

3.初生犊牛窒息如何处理?

Project 4

项目四
牛的饲料筹划

➤ 【学习目标】
1. 了解牛的生物学特性和营养需要。

2. 了解牛常用饲草饲料的类型及识别技术。

3. 掌握牛常用饲草的加工调制技术。

【学习任务】

1.学习并了解牛的生物学特点、消化特点。

2.利用牛的生物学特点,指导牛的饲养管理。

【必备知识】

● 牛的生物学特性

(一)消化特点

(1)瘤胃消化　　牛消化道长,容积大,成年牛胃容量平均为 193 L。其中瘤胃容量约占 4 个胃总容量 80％。瘤胃虽然不分泌消化液,但它却有强大的肌肉环和多种微生物的活动,使牛能大量利用粗纤维饲料,利用非蛋白氮合成牛体蛋白质,从而使瘤胃成为牛体内一个庞大的、高度自动化的饲料发酵罐。因此,瘤胃具有大量贮积、加工和发酵食物的特殊功能。

(2)反刍　　牛采食粗糙,仅混以大量唾液形成食团进入瘤胃,使食物搅拌发酵,通过反刍才能得以消化。反刍包括逆呕、再咀嚼、再混唾液和再吞咽 4 个过程。正常情况下牛采食 0.5～1 h 后开始反刍,每昼夜反刍 6～8 次,每次 40～50 min,每昼夜分泌唾液 100～200 L。牛通过反刍、调节瘤胃消化代谢。

(3)食管沟反射　　食管沟实际是食道的延续,一直到网瓣口,当犊牛吃奶时,引发食道沟反射性收缩呈管状,使乳汁或其他液体饲料越过瘤胃和网胃,直接进入瓣胃和皱胃,防止液体饲料进入瘤网胃而引起细菌发酵和消化道疾病。

(4)嗳气　　在细菌的发酵作用下,瘤胃产生大量的气体,当胃内压力升高,瘤胃由后向前收缩,压迫气体移向瘤胃前庭,经食道、口腔排出,这一过程称为嗳气。牛在正常情况下平均每小时嗳气 17～20 次,常伴随着反刍进行,所以一旦反刍停止,会导致瘤胃鼓胀。

(二)采食特性

牛的唇不灵活,不利于采食饲料,但牛的舌长、坚硬、灵活,舌面粗糙,适于卷食草料,并被下腭门齿和上腭齿垫切断而进入口腔。同时,由于牛的特殊消化方式,采食的草料进入瘤胃后形成的食团又定期地经过反刍回到口腔,经二次咀嚼后再行咽下,方可消化。而且牛的消化道长,容积大。因此,牛的采食特点是:进食草料速度快而咀嚼不细,每顿进食量大,采食后有卧槽反刍的习惯,且反刍时间长。在适宜温度下自由采食时间一般为每昼夜 6～7 h,气温高于 30℃,白天的采食时间就会减少,因此炎夏要注意早晨和晚上饲喂。牛的采食量按干物质计算,一般为自身体重的 2％～3％,个别高产乳牛可高达 4％。

(三)牛的行为特点

(1)合群性　　牛的合群性很强,放牧时牛喜欢 3～5 头结群活动,舍饲时仅 2％单独散卧,40％以上 3～5 头结群合卧。在大多数牛群中都存在着良好的群居等级,一般群内最初个体往往占统治地位,后来者处于从属地位。这些等级关系一旦确定,便很少改变。

(2)争斗性　　公牛往往比母牛好斗,但在某些情况下,母牛也喜欢角斗。当牛群引入新个体时,常常由于重新建立群居等级顺序而发生角斗。

（3）视觉差,听觉嗅觉灵敏　牛对群体成员的识别并非全部依靠视力,更重要的是依靠气味。外群牛接近,本群牛会群起而攻之,表现出野生原牛维护本群"领地"的特性。牛的听觉灵敏,如在牛厩舍内陌生人畜突然出现或不常见事物突然发生,则全圈牛会停止采食,抬头站立,竖起耳朵,面朝发生事情的方向。当个别牛受到异常响声惊吓时,会哞叫引起群体骚动。

（4）运动和休息　牛每日需要 12 h 休息,有时游走,有时躺卧,每日至少应有 4 h 的睡眠。牛休息时,虽然有少数独处散游,但都不会离群太远。

【实验案例】

作为牛场饲养管理技术员,如何利用牛的生物学特点,指导养牛生产?

【制订方案】

完成本任务的工作方案见表 4-1。

表 4-1　完成本任务的工作方案

步骤	内容
步骤一	观察牛的生物学特点
步骤二	总结出利用牛生物学特点指导生产的技术要点
步骤三	了解牛的营养需要

【实施过程】

步骤一、观察牛的生物学特点

选择一个牛场,观察牛的各项生活指标,生活习性,并做好记录,对照理论知识,总结出牛的生物特点。

步骤二、总结出利用牛生物学特点指导生产的技术要点

（1）给予丰富的饲料　根据牛的采食、消化特点,在牛的饲养中,首先应满足其大量采食的需要,给以饱食的饲料量。饲料应以粗料为主,适当搭配精料,做到适口性强、多样化和相对稳定。安排生产时应给予充分的休息时间和安静舒适的环境,以保证牛正常反刍。要加强草料卫生管理,喂前过筛,防止牛吃进铁钉、玻璃碴等异物,造成胃和心包膜的创伤,同时注意防止误食毒草。另外,饲料类型不可骤变,应逐渐转换,以利牛体健康。牛可利用尿素等非蛋白氮,但是要注意使用量和使用方法。

（2）防止争斗　在舍饲牛群中应将占统治地位的牛分开饲养,以免乱群。在生产中,利用合群性,就可以大群放牧,节省劳力。根据牛的合群性,舍饲牛应有一定的运动面积,面积太小,牛的争斗次数会增加。牛的脾气与人所施加的一切友善或粗暴行为有关,打骂、一切不良刺激,容易使牛产生踢人、顶人的恶癖。牛养成了踢人、顶人的恶癖后很难纠正。所以,养牛要爱牛,对牛进行合理调教。

（3）播放音乐,消除不良刺激　针对听觉灵敏的特点,不得粗暴对待牛群,要尽量减少非本场工作人员到牛舍、挤乳厅、运动场与牛近距离接触,并禁止喧闹、突发异响等情况发生。

生产中,可以在饲喂、挤乳时播放音乐,减少噪声使牛产生应激。饲养员、挤乳员要相对稳定,频频换人会带来牛群骚动,不便管理。

(4)运动和休息　牛需要休息,喜欢运动,所以要设置牛床和运动场。一般每头牛的运动面积应为 $15\sim18$ m²/头,最好达到 20 m²/头。

步骤三、了解牛的营养需要

(1)水分　水分是生命活动的基本营养成分。牛的饮水应主要考虑饮水量、水质和水温 3 个方面。一般每头牛的日需水量为乳牛 $40\sim110$ L,役牛和肉牛 $25\sim70$ L。

(2)能量　牛的能量指标用净能(NE)表示,乳牛用产奶净能,肉牛用增重净能。我国乳牛的能量需要配以乳牛能量单位(NND)来表示,1 NND 的能量值相当于 $3\,138$ kJ(千焦耳)的产奶净能,即乳牛每生产 1 kg 乳脂率为 4% 的标准乳需要从饲料中获取 $3\,138$ kJ 的产奶净能。牛的能量需要同样分为维持需要和生产需要两大部分,生产的能量需要又可细分为生长(增重)、妊娠和泌乳需要。

(3)蛋白质　饲料中的含氮化合物总称为粗蛋白质,包括蛋白质和非蛋白含氮物(NPN)。我国乳牛饲养标准规定:体重 500 kg 的乳牛,维持的粗蛋白质需要为 488 g,每产 1 kg 标准乳的粗蛋白质需要量为 85 g;体重 300 kg 日增重 1 kg 的生长肉牛每日需要粗蛋白质 785 g。

(4)矿物质　我国饲养标准规定:牛维持需要每 100 kg 体重钙 6 g,磷 4.5 g,每产 1 kg 标准乳需钙 4.5 g,磷 3 g;每 100 kg 体重需要氯化钠 3 g,每产 1 kg 标准乳需氯化钠 1.2 g。微量矿物质元素主要有铁、铜、钴、硒、碘、锰、锌等。

(5)维生素　牛瘤胃内的微生物能合成 B 族维生素和维生素 K,成年牛在正常情况下,不会发生 B 族维生素和维生素 K 的缺乏。对于高产乳牛、种公牛及供胚胎移植的受体母牛应注意补充维生素 A、维生素 D、维生素 E。

(6)脂肪　乳牛的日粮中脂肪的含量达到 $5\%\sim6\%$ 时,利用率最好。在一般情况下,奶牛的基础日粮本身脂肪含量仅为 3% 左右。研究表明:在高产乳牛和体质较差泌乳牛的饲料中添加保护性脂肪,可提高乳牛的产奶量,改善奶质。

【职业能力测试】

一、填空题

1.牛的营养需要可分为＿＿＿＿＿＿、＿＿＿＿＿＿、＿＿＿＿＿＿等。

2.牛饲料中的营养成分有 6 种,即＿＿＿＿＿＿、＿＿＿＿＿＿、＿＿＿＿＿＿、＿＿＿＿＿＿、＿＿＿＿＿＿和＿＿＿＿＿＿。

3.牛的饮水应主要考虑＿＿＿＿＿＿,＿＿＿＿＿＿和＿＿＿＿＿＿ 3 方面的因素。

4.一般乳牛的日需水量为＿＿＿＿＿＿,肉牛和役牛为＿＿＿＿＿＿。在冬季寒冷的北方,水温应为＿＿＿＿＿＿。

5.成年牛瘤胃内的微生物能合成的维生素是＿＿＿＿＿＿和＿＿＿＿＿＿。

二、选择题

1.牛采食后,粗饲料先在＿＿＿＿＿＿进行发酵。

A.瘤胃　　　　B.网胃　　　　C.瓣胃　　　　D.皱胃

2. 牛的采食量按干物质计算，一般为自身体重的_____。

A. 0.5％～1％　　B. 2％～3％　　C. 3％～5％　　D. 4％～6％

3. 我国乳牛的能量需要配以乳牛能量单位（NND）来表示，1 NND 的能值相当的产奶净能_____。

A. 7 200 kJ　　　B. 6 812 kJ　　　C. 5 120 kJ　　　D. 3 138 kJ

三、问答题

1. 简述牛的消化特点。

2. 简述牛的行为特点。

3. 如何利用牛的生物学特点指导养牛生产？

任务二　识别牛羊常用饲料

【学习任务】

1. 了解牛、羊的常用饲料的类别。

2. 掌握牛、羊的常用饲料的特点。

3. 识别牛、羊的常用饲料。

【必备知识】

牛、羊的常用饲料种类很多，特性各异。按照生产上的习惯和牛、羊的利用特性，常归结为粗饲料、矿物质饲料、维生素饲料与非蛋白氮饲料。

一、粗饲料

粗饲料主要是指各种农作物的秸秆、秕壳及各种青干草。这类饲料水分少，粗纤维含量高，体积大，可消化养分少，适口性差，来源广。它包括干草和秸秆两大类，是牛、羊的基础饲料。

二、青绿多汁饲料

（1）青绿饲料　主要是指栽培的牧草、野草、水生植物、树叶、蔬菜边叶等。这类饲料干物质中粗蛋白质和维生素含量丰富，消化率高，幼嫩多汁，品质优良，适口性好。青绿饲料的粗蛋白质品质好，所含必需氨基酸较全面，对牛、羊的生长、生殖和泌乳都有良好的作用。但水分含量高，体积大，粗纤维较少，钙、磷含量差异较大，干物质含量低，不能完全满足牛、羊的营养需要，使用时必须搭配干草和精料。

（2）多汁饲料　主要指块根、块茎及瓜果类饲料。多汁饲料水分含量高，在自然状态下一般含量为75％～95％。适口性好、易消化，能刺激消化器官，增进食欲，具有轻泻与调养的作用，对泌乳母牛还起催乳作用。常见多汁饲料有胡萝卜、甘薯、甜菜等。

三、青贮饲料

青贮饲料是含有一定水分的青饲料或刚收完的玉米、高粱等作物的秸秆铡短后在密闭、厌氧条件下发酵而成的柔软多汁、芳香可口的饲料。目前最普遍的是玉米青贮,特别是全株玉米青贮,营养丰富、气味芳香、柔软多汁、有酸香味、适口性好,能刺激牛、羊的食欲和消化液的分泌,可提高与青贮混喂的其他饲料的消化率,是牛、羊四季特别是冬春季的优良饲料。有人把青贮饲料称为牛的"保健饲料"。

四、精料补充饲料

精料补充饲料是主要由能量饲料、蛋白质饲料和矿物质饲料等组成的配合饲料,用于牛、羊等草食家畜,旨在补充饲料中养分的不足。其共同特点是:可消化营养物质含量高,体积小,粗纤维含量少,有效养分含量高。

(1)能量饲料 主要包括禾本科籽实和糠麸类饲料等。禾本科籽实,包括玉米、大麦、高粱、燕麦、稻谷、荞麦等。糠麸类饲料,包括麦麸、米糠、玉米皮等。这类饲料无氮浸出物的量比籽实少,为 $40\% \sim 62\%$;蛋白质含量较低,为 $10\% \sim 15\%$,居于豆科籽实与禾本科籽实之间;粗纤维含量较高,维生素 B 族丰富,质地疏松,容积大,具有轻泻性,是母牛产前及产后的优质饲料,是较理想的调养性饲料。

(2)蛋白质饲料 主要包括豆类籽实、饼粕类、糟渣类等。

(3)矿物质饲料 牛、羊的日常饲养管理中常用的矿物质饲料有食盐、石粉、贝壳粉、碳酸钙、蛋壳粉、骨粉、磷酸钙、磷酸氢钙等。

(4)饲料添加剂 主要是指一些动物性蛋白质饲料、矿物质饲料、尿素类非蛋白饲料、维生素类添加剂饲料及瘤胃素等,是牛、羊日粮的重要组成部分,虽然用量少,但作用很大,对牛、羊的健康和生产非常重要。

五、非蛋白质含氮饲料

非蛋白质含氮物(NPN),一般是指简单的含氮化合物,如尿素、二缩脲、铵盐等,可部分代替蛋白质饲料,饲喂反刍动物以提供合成菌体蛋白所需的氨氮,节省动植物性蛋白质饲料。

1.尿素

尿素的利用过程是:尿素在瘤胃内分解成氨,氨被瘤胃中微生物所利用,形成菌体蛋白。这些菌体蛋白连同饲料中的其他蛋白质到达小肠后,被小肠内的酶分解为氨基酸,从而被机体吸收利用。尿素中的含氮量高达 $43\% \sim 45\%$,若按尿素中 70% 的氮用于合成菌体蛋白计算,1 kg 尿素经转化后,可以提供相当于 2.88 kg 的粗蛋白,也相当于 4.5 kg 豆饼的蛋白质,显然用它来代替一部分饲料蛋白质是非常合算的。

(1)牛的尿素补饲量:尿素在混合精料中可占 $1\% \sim 2\%$,在干草谷物日粮中可占 1% ,也可按体重的 $0.02\% \sim 0.05\%$ 喂给,即每 10 kg 体重可喂 $2 \sim 5$ g。饲喂尿素最普遍的方法是将尿素添加在配合料或混合精料中饲喂。此外,尿素也可与铡短的秸秆充分拌匀后饲喂;添加在青贮料中饲喂;制成尿素砖让牛舔食;或制成液体尿素精料等。尿素在饲料中添加量过高时,在瘤胃中会形成大量的游离氨。后者经胃壁进入血液,若超过肝脏的转化能力,就会引起氨中毒。饲喂方法不当,也会引起中毒。

(2)使用尿素时应该注意的事项有:①6月龄以下的牛不宜喂尿素。②严格掌握添加剂量可按体重的 0.02%～0.05%喂给。③添加尿素的日粮粗蛋白质含量不超过 10%～12%。④日粮中应含有充分的可溶性碳水化合物,如玉米粉等且要有适宜而均衡的矿物质、维生素以提高尿素的利用率。⑤与精、粗饲料充分混合,喂后 0.5 h 才能饮水。⑥与尿素一起饲喂的饲料中忌用生豆饼、生豆类、苜蓿籽等。因为其中含有脲酶,会促进尿素分解为氨。⑦尿素不能单独或饮水投喂。饲喂尿素至少要有 10～15 d 的适应期,先喂全剂量的 1/5 或 1/4,逐渐增至全量。

(3)牛的尿素中毒症状及治疗:尿素中毒常常在饲喂后 20～40 min 出现,轻者表现为食欲减退、精神不振;重者运动失调、四肢抽搐、全身颤抖、呼吸困难、瘤胃胀气,如不及时抢救,会在 1～2 h 死亡。急救办法:静脉注射 25%的葡萄糖,每次 100～200 mL;也可以灌服0.5～1 L 食醋。

2.磷酸脲

为了减缓尿素在肉牛、羊瘤胃内的分解速度,已研制出一些“安全型”的非蛋白氮产品,磷酸脲属于其中一种。其商品名为“牛羊乐”,系尿素和磷酸在一定条件下经化学反应得到的化合物。含氮量 10%～30%,含磷 8%～19%,为白色晶体粉末。磷酸脲可为反刍动物补充氮、磷。它在瘤胃内的水解速度显著低于尿素,能促进肉牛的生理代谢及其对氮、磷、钙的吸收利用。

【实践案例】

生产中,经常有使用不同饲料原料进行饲料配合的情况,这要求饲养管理技术员能根据饲料原料的特点,识别不同的饲料原料。

【制订方案】

完成本任务的工作方案见表4-2。

表 4-2　完成本任务的工作方案

步骤	内容
步骤一	识别牛羊的主要粗饲料
步骤二	识别牛羊的主要精饲料
步骤三	识别牛羊的矿物质和维生素饲料
步骤四	识别牛羊的非蛋白氮饲料

【实施过程】

步骤一、识别牛羊的主要粗饲料

粗饲料是粗纤维含量高(超过 20%)、体积大、营养价值较低的一类饲料。主要包括秸秆、秕壳和干草等。

（1）玉米秸　玉米秸营养价值是禾本科秸秆中最高的。刚收获的玉米秸，营养价值较高，但随着贮存期加长，营养物质损失较大。一般玉米秸粗蛋白质含量为5％～5.8％，粗纤维含量为25％左右，牛对其消化率为65％左右，钙少磷多。为了保存玉米秸的营养含量，最好的办法是收获果穗后立即青贮。目前已培育出收获果穗后玉米秸全株保存绿色的新品种，很适合制作青贮（图4-1）。

（2）麦秸　包括小麦秸、大麦秸、燕麦秸等。其中燕麦秸营养价值最好，大麦秸次之，小麦秸最差（春小麦比冬小麦好），但其数量较多。总体来看，麦秸粗纤维含量高，消化率低，适口性差，是质量较差的饲料。这类饲料喂牛时应经氨化或碱化等适当处理，否则对牛没有多大营养价值（图4-2）。

图4-1　全株玉米

图4-2　小麦

（3）稻草　稻草是我国南方地区主要的粗饲料来源，营养价值低于玉米秸而高于小麦秸。粗蛋白含量为2.6％～3.6％，粗纤维21％～30％；钙多磷少，但总体含量很低。牛对其消化率为50％。经氨化和碱化后可显著提高粗蛋白含量和消化率。

（4）禾本科牧草　禾本科牧草种类很多，包括天然牧草与人工栽培牧草，最常用的是羊草、鸡脚草、无芒雀麦、披碱草、象草（图4-3）、苏丹草等。禾本科牧草除青刈外，还可制成青干草和青贮饲料，作为各类牛常年的基本饲料。

（5）秕壳　农作物籽实脱壳后的副产品。营养价值除稻壳和花生壳外，略高于同一作物秸秆。其中豆荚含粗蛋白质5％～10％，无氮浸出物42％～50％，粗纤维33％～40％，饲用价值较好，适于喂牛。谷类秕壳营养价值低于豆荚。棉籽壳含粗蛋白质4.0％～4.3％，粗纤维41％～50％，无氮浸出物34％～43％，虽含有棉酚，但对肥育牛影响不大，饲喂时搭配其他青绿块根饲料效果较好。

（6）豆秸　指豆科秸秆。普遍质地坚硬，木质素含量高，但与禾本科秸秆相比，粗蛋白含量较高。豆科秸秆中，花生藤（图4-4）营养价值最好，其次是豌豆秸，大豆秸（图4-5）最差。由于豆秸质地坚硬，消化率低，应粉碎后饲喂，以便被牛较好利用。

（7）豆科牧草　豆科牧草种类比禾本科少，所含粗蛋白质和矿物质比禾本科草高。干物质中粗蛋白质可达20％以上，可溶性碳水化合物低于禾本科牧草。主要有苜蓿、三叶草、花生藤、紫云英、毛苕子、沙打旺等。其中苜蓿（图 4-6）有"牧草之王"的美称，产量高、适口性好、营养价值很高，富含多种氨基酸齐全的优质蛋白质、丰富的维生素和钙等。有些豆科牧草含有皂素，在牛瘤胃中能产生大量泡沫，易使牛发生瘤胃膨胀，所以饲喂量不能太多，最好先喂一些干草或秸秆，再喂苜蓿等豆科饲料。

图 4-3　象草

图 4-4　花生藤

图 4-5　大豆秸

图 4-6　苜蓿

步骤二、识别牛羊的主要精饲料

精饲料是指可消化营养物质含量高、体积小、粗纤维含量少，用于补充牛基本饲料中能量和蛋白质不足的一类饲料。

（1）玉米　玉米是牛最主要的能量饲料。含产奶净能 8.66 MJ/kg，肉牛综合净能 8.06 MJ/kg；粗蛋白质含量较低，约 8.6%，且品质不佳，但过瘤胃值高；钙、磷均少且比例不适。由于粗纤维含量极少，有机物的消化率可达 90%。

（2）大麦　大麦粗蛋白含量为 12% 左右，且品质较好；产奶净能约 8.2 MJ/kg，肉牛综合净能 7.19 MJ/kg；脂溶性维生素含量偏低，不含胡萝卜素；粗纤维含量 5% 左右，有机物消化率 85%。

（3）高粱　含产奶净能 7.74 MJ/kg，肉牛综合净能 6.98 MJ/kg；粗蛋白质含量略高于玉米，为 8.7%；有机物消化率 55.8%。因含单宁，适口性差，而且喂牛易引起便秘，一般用量应不超过日粮的 20%，与玉米配合使用可使效果增强。

（4）燕麦　含产奶净能 7.66 MJ/kg，肉牛综合净能 6.96 MJ/kg；粗蛋白质 11.6%，品质优于玉米；粗纤维 9% 左右；脂溶性维生素和矿物质较少。总营养价值低于玉米。

（5）麦麸　使用数量最多的是小麦麸，其营养价值因出粉率的高低而变化。一般含产奶净能 6.53 MJ/kg，肉牛综合净能 5.86 MJ/kg；粗蛋白质 14.4%；粗纤维含量较高。质地蓬松，适口性好，具有轻泻作用。母牛产后日粮加入麸皮，可调养消化功能。大麦麸在能量、粗蛋白质和粗纤维上均优于小麦麸。

（6）米糠　米糠为去壳稻粒制成精米时分离出的副产品。米糠的有效营养变化较大，随含壳量的增加而降低。米糠脂肪含量高，易在微生物及酶的作用下发生酸败，引起牛的腹泻。一般米糠含产奶净能 8.2 MJ/kg，肉牛综合净能 7.22 MJ/kg；粗蛋白质 12.1%。

（7）豆饼和豆粕　豆饼和豆粕是牛最常用的蛋白质补充饲料，营养价值很高，粗蛋白质含量达 40%～47%，且品质较好，特别是赖氨酸含量很高，可达 2.5%～2.8%；产奶净能和肉牛综合净能在 7.0～8.5 MJ/kg 之间。含钙量达 0.32%～0.4%，磷 0.5%～7.5%。适口性好，营养成分较全面，对各类牛均有良好的生产效果，特别是与玉米搭配对瘤胃中微生物合成蛋白质及小肠中消化吸收效果显著。缺点是蛋氨酸含量低。

（8）棉籽饼　营养价值随棉籽脱壳程度和制油方法不同而存在很大差异。平均粗蛋白质含量为 33%，缺乏赖氨酸，蛋氨酸和色氨酸含量都高于豆饼；含钙少，缺乏维生素 A、维生素 D。棉籽饼含有毒物质棉酚，饲喂前应先脱毒，并控制饲喂量。乳牛一般不超过精料的 15%，短期肥育的架子可加大饲喂量。

（9）菜籽饼　粗蛋白质含量为 36%，钙、磷含量高，分别为 0.8% 和 1.2%。菜籽饼含有毒成分芥子苷，适口性差，虽然牛对其毒性耐受能力较强，但饲喂时亦应脱毒，并控制饲喂量，犊牛和孕牛不宜饲喂，其他牛每头每日可喂 1 kg，并与其他饼粕搭配使用。

步骤三、识别牛羊的矿物质和维生素饲料

（1）矿物质饲料　矿物质饲料是为牛补充钙、磷、氯、钠等元素的饲料，可直接用食盐、石粉、碳酸钙、磷酸氢钙等含上述元素的物质饲喂。微量元素以添加剂的形式补充。

食盐主要成分是氯化钠，用以补充饲料中氯和钠不足，并可提高饲料适口性，增加食欲。饲喂量一般占风干日粮的 0.5%～1%，过多会引起中毒。饲喂放牧牛可将食盐制成盐砖舔食。石粉、贝壳粉、碳酸钙均是补充钙的廉价矿物质饲料，含钙量分别为 38%、33% 和 40%。磷酸氢钙、磷酸二氢钙、磷酸钙是常用的无机磷源饲料，含钙量分别为 23%、20% 和 39%，含磷量分别为 20%、21% 和 20%。

（2）维生素饲料　是为牛提供各种维生素的饲料，一般由工业合成。牛的瘤胃微生物可合成维生素 K 和 B 族维生素，肝、肾可合成维生素 C，除犊牛和产乳牛外，不需额外添加。饲喂牛主要需补充维生素 A、维生素 D、维生素 E。此外，青绿饲料、酵母、胡萝卜等因富含维生素，通常也可作为补充维生素的饲料使用。

步骤四、识别牛羊的非蛋白氮饲料

尿素等非蛋白氮化合物虽然不是蛋白质，却能为牛瘤胃微生物蛋白的合成提供氮源，进而满足牛对蛋白质的需要。因而在牛日粮中合理添加非蛋白氮可以节省紧缺昂贵的蛋白质饲料资源，又可降低饲养成本，提高经济效益。

（1）尿素　来源广、价格低、含氮量高。1 kg 尿素相当于 6.5 kg 豆粕,可使生长牛增重 2 kg。日粮蛋白质水平低于 10% 时使用效果较好,用量为日粮精料量的 1%,或每 100 kg 体重 20～30 g。

（2）磷酸脲　又称尿素磷酸盐,是一种有氨基结构的磷酸复合盐。含氮量 17.7%、磷 19.6%,特点是在瘤胃中释放和传递速度慢,而不至于引起氨中毒。饲喂量一般按每 100 kg 体重 18～20 g。磷酸脲易溶于水,溶液呈酸性,能使青贮饲料 pH 很快达到 4.2～4.4,同时具有防腐杀菌作用,可作为青贮饲料添加剂使用。

（3）缩二脲　又称双缩脲,含氮量 34.7%。在瘤胃中释氨缓慢,与碳水化合物代谢的速度较匹配,适合瘤胃微生物的繁殖,适口性也优于尿素。其可代替日粮总蛋白质含量的 30%,但价格较贵。

（4）异丁叉双脲　是比较安全的非蛋白氮饲料,含氮量 32.2%,1 kg 相当于 5 kg 豆饼。一般用量为精料量的 1%～1.5%。其不仅可提高增重速度,还可抑制瘤胃甲烷产生,提高饲料利用率。

（5）其他粉蛋白氮饲料　为了提高尿素的利用率,将尿素制成糊化淀粉尿素,糖蜜尿素舔砖、包被尿素等,应用效果明显。此外,氨、甲基脲、脂肪酸脲、硫酸铵、磷酸铵、氯化铵等化合物也可作为牛非蛋白氮来源。

【职业能力测试】

一、填空题

1. 牛羊的饲料可分为 _____、_____、_____、_____、_____。

2. 牛羊的粗饲料种类主要有 _____、_____、_____、_____。

3. 牛羊的精饲料主要有 _____、_____、_____、_____。

二、选择题

1. 用尿素喂牛,一般用量为精料量的 _____。

A. 1%　　　　　　B. 3%　　　　　　C. 5%　　　　　　D. 8%

2. 棉籽粕属于 _____。

A. 蛋白质饲料　　B. 能量饲料　　　C. 矿物质饲料　　D. 维生素饲料

3. 新鲜象草属于 _____。

A. 青绿饲料　　　B. 精饲料　　　　C. 青贮饲料　　　D. 特种饲料

三、判断题

（　）1. 目前养牛的青贮饲料最普遍的是玉米青贮。

（　）2. 矿物质是牛羊日粮的重要组成部分,虽然用量少,但作用很大。

（　）3. 玉米、麦麸等属于牛的精饲料。

（　）4. 尿素可以溶于水中作为牛的饮料补充。

（　）5. 豆科牧草多含有皂素,在牛瘤胃中能产生大量泡沫,易使牛发生瘤胃膨胀,所以不能饲喂太多。

四、问答题

1. 使用尿素喂牛有哪些注意事项?

2. 牛的精料补充料主要由哪些原料组成?

任务三　调制青贮饲料

【学习任务】

1. 了解青贮设施设计建造要求。
2. 掌握青贮饲料制作技术。
3. 了解青贮饲料质量评定方法。

【必备知识】

青贮饲料的制作相关知识

1. 原料收割时间

各种原料适宜收割期见表 4-3。

牛羊生产

表 4-3　几种常用青贮原料的收割适期

青贮原料	收割适期
全株玉米(带穗)	蜡熟期,遇霜害可在乳熟期收割
收果穗后的玉米秸	玉米果穗成熟,有一半以上叶片为绿色时,立即收割玉米秸青贮
豆科牧草及野草	开花初期
禾本科牧草及麦类	抽穗初期
甘薯藤	霜前或收薯前 1~2 d
水生饲料	霜前捞取,凋萎 2 d,以减少水分含量
高粱	蜡熟期

2. 青贮建筑设备的选用

(1)因地制宜,可修建永久性的青贮建筑,可挖掘临时性的土窖,可利用闲置的贮水池、发酵池、氨水池等,还可采用直接在地面上用塑料薄膜覆盖的堆贮。

(2)应选在地势高燥、土质坚实、地下水位低、靠近牛舍、远离水源和粪坑的地点做青贮场所。塑料青贮袋应选择取用方便的僻静地点放置。

(3)青贮设备应不透气、不漏水、密封性好,内壁表面光滑平坦。

(4)青贮建筑的取材容易,建造简便,造价低廉。

(5)常用青贮设备　①青贮窖。有露天式(图 4-7)和室内式(图 4-8)两种。南方多采用室内式。②青贮壕。是水平坑道式结构,适于短期内大量保存青贮饲料。③青贮塔。为砖和水泥建成的圆形塔(图 4-9),高 12~14 m 或更高,直径 3.5~6 m。在一侧每隔 2 m 留一 0.6 m×0.6 m 的窗口,以便装取饲料。底部留有排液结构和装置。④拉伸薄膜青贮(图 4-10)。其材料应是无毒塑料薄膜,用专用机器拉伸薄膜打包储存。

图 4-7　露天青贮窖

图 4-8　室内青贮窖

图 4-9　青贮塔

图 4-10　拉伸薄膜青贮

　　3.确定青贮设备大小的依据

　　(1)窖式或塔式青贮建筑,一般高度不小于直径的 2 倍,也不应大于直径的 3.5 倍。其直径应按每日饲喂青贮饲料的数量计算,深度或高度由饲喂青贮饲料时间的长短而定。

　　(2)青贮壕的适宜宽度取决于每日饲喂青贮饲料的数量,长度由饲喂青贮饲料的日数决定。每日取料的挖进量以不少于 15 cm 为宜。不同青贮设备每立方米青贮饲料重量见表 4-4。

表 4-4　每立方米青贮料的重量　　　　　　　　　　　　　　　　　kg

青贮原料	青贮壕	青贮塔深度		青贮窖
		3.5～6 m	6 m 以上	
全株玉米(带穗)	750	700	750	650
向日葵	750	700	750	600
饲用甘蓝	775	750	775	675
根菜类	750	700	750	650

【实践案例】

采用切碎机械、履带式拖拉机、塑料袋膜、供水设施等,利用玉米秸秆、粉碎机、拖拉机、塑料薄膜、铁锹、铁叉等制作青贮饲料。

【制订方案】

完成本任务的工作方案见表 4-5。

表 4-5　完成本任务的工作方案

步骤	内容
步骤一	按步骤制作青贮饲料
步骤二	对制作的青贮饲料品质进行评价
步骤三	青贮饲料的取用及管理

【实施过程】

步骤一、按步骤制作青贮饲料

(1)切短　对乳牛,一般把禾本科牧草和豆科牧草及叶菜类等原料切成 2～3 cm;玉米和向日葵等粗茎植物切成 0.5～2 cm;一些柔软幼嫩的植物可不切碎。原料的含水量越低,应切得越短;反之,则可切得长一些。

(2)装填　对已经用过的青贮设施清理干净,青贮原料应随时切碎,及时装填。装填前,可在青贮窖或青贮壕底铺一层 10～15 cm 厚的切短秸秆或软草,窖壁四周铺一层塑料薄膜,加强密封性,避免漏气和渗水。原料装入圆形青贮设备时,要一层一层地装匀铺平。装入青贮壕时,可酌情分段按顺序装填。

(3)压实　装填原料的同时,必须层层压实,尤其要注意窖或壕的边缘和四角。

(4)密封　原料装填完毕,应立即密封和覆盖,以隔绝空气与原料的接触,防止雨水进入。一般应将原料装至高出窖面 1 m 左右,在原料的上面盖一层 10～20 cm 切短的秸秆或牧草,覆盖塑料薄膜后,再覆盖 30～50 cm 的土,踩踏成馒头形或屋脊形。

(5)管护　密封后,须经常检查,发现裂缝、漏气要及时覆土压实,杜绝透气并防止雨水渗入,在四周约 1 m 处挖排水沟。多雨时,应在青贮窖或壕上搭棚。最好能在青贮窖、青贮壕或青贮堆周围设置围栏,以防牛羊践踏,踩破覆盖物。

步骤二、对制作的青贮饲料品质进行评价

（1）样品采取及制备　取样时，先去除堆压的黏土、碎草等覆盖物和上层霉烂物，再从整个表面取出一层青贮饲料后，按图布点采取样品，每样点取约 20 cm 见方的青贮饲料块。冬季取下的这一层厚度不得少于 5～6 cm，温暖季节则要取下 8～10 cm。在青贮壕中取样时，从一端消除覆盖物和取出一层青贮饲料后按图布点，自上而下取样。取样后，立即覆盖，以免过多空气侵入。在冬季还要防止青贮饲料冻结。

（2）感官鉴定标准（表 4-6）。

表 4-6　青贮饲料感官鉴定标准

等级	气味	酸味	颜色	质地
优良	芳香酸味，给人以舒适感	较浓	接近原料颜色，一般呈绿色或黄绿色	柔软湿润，保持茎、叶、花原状，叶脉及绒毛清晰可见，松散
中等	芳香味弱，稍有酒精或醋酸味	中等	黄褐色或暗绿色	基本保持茎、叶、花原状，质地柔软，水分稍多或稍干
低劣	有刺鼻腐臭味	淡	褐色或黑色	茎叶结构保存极差，黏滑或干燥，粗硬，腐烂

步骤三、青贮饲料的取用及管理

（1）开启　封窖 20～30 d 后即可取用。气温较低而又正值缺草季节开启较为适宜。开窖前，清除封窖时的盖土、铺草等，以防与青贮料混杂。长形壕应从留有斜坡的、逆风方向的一端开始清除，并修好道路以利取料。可以逐段清除盖土，取完料后，再清再取。注意排水，以免雨水浸入窖内。开窖后立即取样，凭感官鉴定青贮饲料品质。

（2）取料方法　长型壕自一端逐日分段取料，切不可打洞掏心；圆形窖应自表面一层一层向下取，使青贮饲料始终保持一平面；不管哪种形式的窖，每日至少要取出 6～7 cm 厚。地下窖打开后应做好周围的排水工作，以免雨水和融化的雪水流入窖内，使青贮饲料发生霉烂。

（3）青贮饲料取用时的管理　青贮窖一经开启，就必须每日连续取用，每日用多少取多少，取用后及时用草席或塑料薄膜覆盖。如中途停喂，间隔又较长，则须按原来封窖方法，将青贮窖盖好封严，并保证不透气、不漏水。青贮饲料表层变质时，应及时取出废弃，以免引起牛中毒或其他疾病。

【职业能力测试】

一、选择题

1. 南方青贮设备最好选用_____。

A. 露天式青贮窖　　　B. 室内青贮窖　　　C. 青贮壕　　　D. 堆放青贮

2. 全株青贮玉米的适宜收割时期应是_____。

A. 抽穗期　　　　　B. 盛花期　　　　　C. 乳熟期　　　　　D. 蜡熟期

3. 优质青贮料气味应是_____。

A. 芳香味　　　　　B. 醋酸味　　　　　C. 霉味　　　　　D. 臭味

二、判断题

( )1.青贮饲料含水量越低,应切的越短。

( )2.青贮饲料是否成功的关键在于是否密封。

( )3.装填青贮原料最好是一次装满,然后压紧密封。

( )4.取用长型大壕青贮饲料应从上到下逐层取用。

三、问答题

1.青贮设备的选用要注意哪些事项?

2.简述青贮饲料的制作过程。

任务四　调制氨化饲料

【学习任务】

通过氨化秸秆饲料的调制,掌握氨化麦秸饲料制作方法及质量评定方法。

【必备知识】

● 秸秆的化学处理方法

(1)碱化处理　用氢氧化钠溶液处理麦秸,先将麦秸铡短到 6～7 cm,用 1%～2% 的氢氧化钠溶液均匀地喷洒在秸秆上,使之湿润,一般可按 100 kg 麦秸喷洒 1%～2% 的氢氧化钠溶液 6 L 进行计算。喷过拌匀后堆放 6～7 h,为安全起见,碱化麦秸可在清水中淘一遍,捞出后即可喂牛。

(2)石灰水处理　取生石灰 3 kg,配成 200 L 石灰溶液,上清液浸泡 100 kg 秸秆,24 h 后即可饲喂。有时为提高适口性,可在石灰液中加入 0.5～1 kg 食盐。

(3)氨化饲料　就是在作物秸秆中加入一定比例的氨水、液氨、尿素或尿素溶液等,以改变秸秆的结构形态,提高家畜对秸秆的消化率和秸秆营养价值的一种化学处理方法。氨的来源:一为 25%、20%、10% 的液氨,处理用量可按每 100 kg 秸秆用无水氨 15 kg;每 100 kg 秸秆用 20% 的氨水 30 kg,相当于 3% 液氨处理秸秆;二为碳铵(碳酸氢氨);三为尿素分解。

【实践案例】

利用小麦秸秆、粉碎机、喷雾器、尿素、塑料薄膜、铁锹、铁叉等制作氨化饲料。

【制定方案】

完成本任务的工作方案见表 4-7。

表 4-7　完成本任务的工作方案

步骤	内容
步骤一	按步骤制作氨化饲料
步骤二	对制作的氨化饲料品质进行评价
步骤三	氨化饲料的取用及管理

【实施过程】

步骤一、按步骤制作氨化饲料

（1）液氨氨化法　将粉碎的秸秆喷 15%～20% 的水分，混匀堆垛，在长轴的中心埋入一根带孔的硬塑料管，以便通氨，用塑料膜覆盖严密。然后按秸秆重量的 3% 通入无水液氨。处理结束后，抽出塑料管堵严。气温在 20℃ 条件下保持 2～4 周，揭封后晒干，氨味即行消失，然后粉碎饲喂。

（2）氨水氨化法　首先准备好装秸秆的容器，将切碎的秸秆放入容器，按秸秆重量 1:1 的比例向容器里均匀喷洒 3% 浓度的氨水。装满容器后用塑料膜覆盖、封严，在 20℃ 左右密封 2～3 周启开，将秸秆取出后晒干即可饲喂。

（3）尿素氨化法　按秸秆重量的 3% 加尿素。首先将 3 kg 尿素溶解在 60 L 水中，并均匀喷洒到 100 kg 秸秆上，逐层堆放，用塑料膜覆盖。也可以利用地窖进行尿素氨化处理，将切碎的各种农作物秸秆填装、压实、速快密封。

（4）氨化时间与温度（表 4-8）。

表 4-8　氨化时间与温度

温度	时间
0～5℃	8 周以上
5～15℃	4～8 周
15～20℃	2～4 周
20～30℃	1～3 周
30℃ 以	少于 1 周

步骤二、对制作的氨化饲料品质进行评价

优质氨化秸秆蓬松柔软，用手紧握无明显的扎手感；麦秸为杏黄色，玉米秸为褐色；秸秆偏碱，pH 8.0 左右。

步骤三、氨化饲料的取用及管理

氨化期间，要经常检查薄膜有无破损漏气，尤其要防止老鼠咬破，发现破损要及时修补。氨化成熟后，即可开窖取用。每次取 1 d 喂量，在干净地面摊开，通风放氨 1 d 后再饲喂。每次取用后，要立即密封窖口，切忌进水；也可一次性把氨化秸秆全部取出，摊开晾干后堆积在阴凉处，用塑料薄膜覆盖，防止日晒雨淋，饲喂时用多少取多少。

【知识拓展】

- 秸秆微贮饲料的制作

1. 制作前的准备

（1）建窖：窖长 300 cm，窖宽 150 cm。

（2）秸秆准备：清洁、干净、切成 2～3 cm。

（3）人员准备：8～10 人。

（4）机械动力准备：铡草机等。

(5)药品及用具准备:秸秆发酵活杆菌和食盐(每立方米贮秸秆300～500 kg,秸秆发酵活杆菌每袋3 g,处理秸秆1 000 kg或青秸秆2 000 kg。估测秸秆含水量,确定加水量,按水量的1%准备食盐),喷壶,塑料布。

2.微贮饲料的制作

(1)复活菌种:按秸秆发酵活杆菌每袋3 g溶于200 mL水的比例,加2 g白糖,在常温下放置1～2 h。

(2)配制菌液:配制1%的盐溶液,按比例将复活好的菌液倒入充分溶解的1%盐溶液中混匀。麦秸1 000 kg,发酵活杆菌3 g,食盐12 kg,水1 200 kg;黄玉米秸1 000 kg,食盐8～10 kg,发酵活杆菌3 g,水800～1 000 kg。

(3)装窖:将秸秆切成2～3 cm长,窖底铺上30 cm厚,喷洒菌液,踩实。装一层,喷一层,高出窖口40 cm。

(4)封窖:最上层每平方米撒250 g食盐,盖塑料布,铺20 cm厚秸秆,覆土50 cm,下沉时添平。

(5)开窖与饲喂:封窖后30 d开窖。乳牛、肉牛日饲喂量15～20 kg。

【职业能力测试】

一、填空题

1.秸秆的化学处理方法主要有_____、_____、_____。

2.秸秆氨化氨的来源主要有_____、_____、_____。

二、判断题

(　　)1.在一定范围内,温度越高,氨化需要时间越短。

(　　)2.优质氨化秸秆应蓬松柔软,用手紧握无明显的扎手感。

(　　)3.氨化饲料可以给牛羊自由采食。

(　　)4.用尿素氨化,一般按秸秆重量的3%加尿素。

三、问答题

1.氨化饲料的种类有哪些?

2.简述利用尿素制作氨化饲料的方法。

Project 5

项目五

牛的饲养管理

➤ 【学习目标】
1. 通过学习掌握犊牛消化特点及饲养管理技术。
2. 掌握育成牛的饲养管理技术。
3. 掌握乳牛的常规饲养管理技术。
4. 掌握乳牛分阶段饲养管理技术。

任务一　犊牛饲养管理

【学习任务】

1. 了解犊牛的消化特点。
2. 掌握乳用、肉用犊牛的饲养管理技术。

【必备知识】

犊牛是指出生至 6 月龄的小牛。在这一时期犊牛生长发育很快,且各个器官发育尚不完善,犊牛饲养管理的好坏将影响到成年后的生产性能。因此,要做好犊牛培育工作。

一、犊牛的消化特点

犊牛初生时,其瘤胃、网胃容积很小,仅占胃总容积的 1/3。瘤胃、网胃生长发育的速度很快,在正常饲养条件下,10～12 周龄时体积即可占到胃总容积的 67%,4 月龄时达 80%,1.5 岁时占 85%。

新生犊牛虽然有瘤胃室,但功能不完善,几乎没有反刍。随着瘤胃和网胃的发育,在 3～4 周龄,犊牛开始出现反刍,对青粗饲料的消化力逐渐提高,到 6 月龄时,已具备成年牛的消化特点。

二、犊牛的生长发育规律

犊牛身体各部位与组织生长发育规律与其他家畜基本相同,其器官部位的生长顺序依次是头、颈和四肢、胸部、腰部;组织生长发育顺序依次是神经、骨骼、肌肉、脂肪;骨骼生长发育基本顺序是管骨、胫骨(腓骨)、股骨、骨盆。因此,犊牛具有头大、腿长、身短且扁和后躯较前躯高等特点。

三、犊牛的培育原则

犊牛的培育直接影响其日后生产性能的发挥。犊牛的培育应注意以下几点:第一,加强妊娠母牛饲养管理,奠定初生犊牛健壮体质。第二,加强犊牛护理,保证成活率。第三,使用优质粗料,促进消化机能。第四,加强运动和调教,不但有利于犊牛健康,也有利于增进牛与人的感情。

【实践案例】

根据犊牛特点,掌握犊牛饲养管理技术,制订犊牛饲养管理方案。

牛羊生产

【制订方案】

完成本任务的工作方案见表 5-1。

表 5-1　完成本任务的工作方案

步骤	内容
步骤一	掌握乳用犊牛的饲养技术
步骤二	掌握乳用犊牛的管理技术
步骤三	掌握肉用犊牛的饲养技术
步骤四	掌握肉用犊牛的管理技术
步骤五	制订饲养管理方案

【实施过程】

步骤一、掌握乳用犊牛的饲养技术

犊牛的常规饲养包括哺喂初乳、哺喂常乳、调教采食植物性饲料和饮水等工作。

（1）哺喂初乳　初乳是指母牛产犊后 5～7 d 内分泌的乳汁。初乳营养丰富,理化特性好,容易被消化吸收;还含有大量的免疫球蛋白、溶菌酶和丰富的无机盐,能预防疾病、舒肠健胃,是犊牛不可替代的天然食物。犊牛出生后要在 1 h 左右喂给初乳。每次哺喂量应根据犊牛体重大小和健康情况确定,原则上一般不超过犊牛体重的 5%。哺喂初乳时温度应保持在 35～38℃ 之间。哺喂时要用带奶嘴的奶壶,有利于犊牛形成食管沟反射,乳汁流入皱胃。如条件所限,只能用奶桶喂时,应人工给予引导。

（2）常乳期饲养　犊牛经过 1 周初乳哺喂后,便转入常乳期饲养。犊牛哺乳期饲养方案有 2 种:第一种方案是全期哺乳量 500 kg,110 d 断奶,全期耗精料 200 kg,耗中等质量的粗饲料 230 kg 左右;第二种方案是全期哺乳量 200～350 kg,哺乳期 45～60 d,全期耗精料量 250～300 kg,耗中等质量的粗饲料 280 kg 左右。

（3）尽早补饲精粗饲料　犊牛出生后 1 周左右即可训练采食代乳料,开始每日喂奶后向犊牛嘴周围填抹少量代乳料,引导开食,2 周左右开始向草栏内投放优质干草供其自由采食。1 个月以后可供给少量块根与青贮饲料。

（4）供给充足饮水　虽然牛奶含有较高水分,但并不能满足犊牛生理代谢的需要,因此要补充饮水。水温、水质要符合要求。

步骤二、掌握乳用犊牛的管理技术

（1）卫生管理　犊牛期卫生管理要做到"三净",即哺乳工具、饲料干净卫生;栏舍干净卫生;牛体干净卫生。

（2）刷拭和调教　犊牛出生后 4～5 d,开始刷拭牛体,每日 1～2 次。既可保持牛体卫生,有利于犊牛健康,也有利于犊牛养成良好的性情。

（3）单栏露天培育　为了提高犊牛成活率,近年来,一些先进的乳牛场采用了单栏露天培育的方法(图 5-1)。单栏露天培育,可以有效防止"舔癖",有利于犊牛健康生长,还可促进其在育成期提早发情。

图 5-1　犊牛单栏露天培育

（4）运动　犊牛正处在体格生长时期,加强运动,对增强体质和保持健康十分有利。生后 7～10 d 的犊牛,即可在运动场上进行短时间运动,1 月龄时可增至 2～3 h。

（5）编号　犊牛出生后,应立即编号,在 1 周内把标号打到牛体上。编号的方法以耳标法较为常用(图 5-2,图 5-3)。

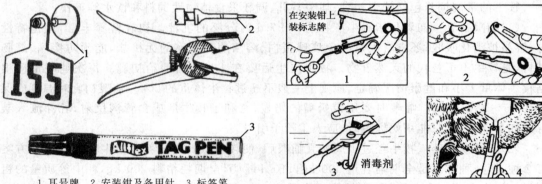

1.耳号牌　2.安装钳及备用针　3.标签笔

图 5-2　塑料耳标及安装工具

图 5-3　耳标安装过程

（6）去角　犊牛去角有利于成年后的管理。犊牛去角时间在 5～7 日龄为好。

（7）去除副乳头　乳用犊牛要去除副乳头,一般在 2～6 周,最好避开夏季。先清洗消毒副乳头周围,再轻拉副乳头,沿着基部剪除,用 2% 碘酒消毒手术部位。

步骤三、掌握肉用犊牛的饲养技术

（1）哺喂初乳　在出生后 0.5～1 h 内给犊牛哺喂初乳。

（2）哺喂常乳　乳用犊牛哺乳的方法有 2 种:一是随母哺乳,犊牛出生后每日跟随母牛哺乳、采食和放牧,哺乳期为 5 个月左右,这样容易管理,节省劳动力,有利于犊牛的生长发育,是目前多数养殖户选用的培育方法。二是人工哺乳法,乳肉兼用和一些因母牛产后泌乳少的犊牛,应采取人工哺乳。

（3）肉用犊牛补饲　犊牛出生后一周开始补饲麦麸。如果犊牛不采食,可将麦麸抹在犊牛嘴的四周,经 2～3 d 反复训练,犊牛便可适应采食。10 日龄左右供给优质全价配合料;2～3 周龄用草架或悬吊草诱导采食优质干草;3 月龄可逐渐加喂优质青贮、微贮饲料。

步骤四、掌握肉用犊牛的管理技术

肉用犊牛的管理除参考乳用犊牛管理外,还应做好以下管理工作:

(1)断乳　由于利用了人工哺乳,犊牛出生后任何时期都可以断乳,一般能采食 1 kg 全价精料时即可断乳。5~6 月龄断乳为宜。

(2)去势　小公牛 3~5 月龄去势,术后恢复快,不需护理,且牛肉质量好,提倡犊牛期去势。也有人主张不去势,小公牛不去势生长快。

步骤五、制订饲养管理方案

根据所学知识,分别设计一个乳用犊牛和一个肉用犊牛的饲养管理方案。

【职业能力测试】

一、填空题

1.犊牛是指出生后到_____月龄的牛。

2.犊牛期卫生管理要做到"三净",即_____、_____、_____。

3.犊牛出生后应在_____h 喂初乳为宜,初乳的合适温度为_____。

4.出生犊牛的前胃容积占整个胃容积的_____。

二、问答题

1.犊牛有哪些消化特点?

2.初乳的特性、哺喂方法及注意事项?

3.犊牛补饲植物性饲料的意义和方法?

4.乳用犊牛的管理要点有哪些?

任务二　育成牛饲养管理

【学习任务】

1.通过学习掌握育成牛的饲养管理技术。

2.会制订育成牛饲养管理方案。

【必备知识】

育成牛也称为青年牛,育成母牛是指从 7 月龄至产犊前,育成公牛是指从 7 月龄至配种前(图 5-4)。

育成牛的特点是生长发育快,体质健壮,活泼好动,是培养和增强体质的有效阶段。育成牛的营养管理好坏,不但影响其生长发育,也在相当程度上影响到未来产乳牛群的生产水平。育成牛饲养的原则是:以青粗料为主,适当补充精料;既要保证营养,又要防止过肥。育成公牛原

图 5-4　乳牛的育成牛

则上应增加日粮中精料供给量并减少粗料量,以免形成草腹,影响种用性能。饲养育成牛是为了补充因不断淘汰而减少的成年牛群。因此,育成牛饲养管理的中心任务是:保证充分生长发育,做到适时配种,顺利产犊。

【实践案例】

根据育成牛特点,掌握育成牛饲养管理技术,制订育成牛饲养管理方案。

【制订方案】

完成本任务的工作方案见表5-2。

表 5-2　完成本任务的工作方案

步骤	内容
步骤一	掌握育成牛的饲养技术
步骤二	掌握育成牛的管理技术
步骤三	制订育成牛饲养管理方案

【实施过程】

步骤一、掌握育成牛的饲养技术

针对育成牛的特点,对育成牛的饲养应分阶段进行。

(1)7～12月龄　该阶段是性成熟期,性器官及第二性征发育快。在饲养上要求供给足够的营养物质,同时,日粮要有一定的容积以刺激前胃的继续发育。此时的育成牛除给予优质的牧草、干草和多汁饲料外,还必须给予一定的精料。按 100 kg 活重计算,每日青贮 5～6 kg,干草 1.5～2 kg,秸秆 1～2 kg,精料 1～1.5 kg。

(2)12～18月龄　该阶段,为了进一步刺激消化器官增长,日粮应以粗饲料和多汁饲料为主。按干物质计算,粗饲料占 75%,精饲料占 25%,并在运动场放置干草、秸秆等。不宜过多饲喂青贮饲料和高能量的饲料,以免过于肥胖,影响发情。如条件允许,夏秋季节应以放牧为主,节约培育成本。

(3)18月龄至产犊　此期已配种受胎,生长减慢,体躯向宽、深发展,在丰富的饲料条件下容易沉积大量脂肪。因此,这一阶段的日粮既不能过于丰富,又不能过于贫乏,应以品质优良的干草、青草、青贮料和根茎类为主,精料可以少喂或不喂。到妊娠后期,由于体内胎儿生长迅速,必须另外补饲精料,每日 2～3 kg。按干物质计算,粗饲料要占 70%～75%,精饲料占 25%～30%。

步骤二、掌握育成牛的管理技术

(1)合理组群　育成牛阶段要根据牛的年龄、体况、强弱、生理状况进行组群。根据实际情况确定牛群大小。每群内的个体间年龄相差不超过 3 个月,体重相差不超过 75 kg。

(2)搞好环境卫生　潮湿、寒冷对育成牛的生长发育影响较大。牛舍可以用垫草或锯末除湿,要勤垫、勤换,保持牛舍清洁干燥,通风良好,光线充足。

(3)加强运动　运动与日光浴对育成牛非常有益,阳光除了促进钙的吸收外,还可以促使体表皮垢自然脱落。因此,全舍饲条件下,育成牛每日运动时间不少于 2 h,在 12 月龄之前生长发育快的时期更应加强运动。

(4)乳房按摩　按摩乳房,能促进乳腺组织的发育,也能加强人牛亲和,有利于产犊后的挤乳操作。从 12 月龄到配种前,每日按摩 1 次;配种到产前 2 个月,每日按摩 2 次。

(5)刷拭和调教　为使牛体清洁,促进体表血液循环,应对育成牛进行刷拭,每日 1～2 次,每次 5 min 左右。在此期间,要对育成牛进行调教,训练拴系、认槽定位,使牛养成良好的习惯。

(6)制订生长计划　根据本场牛群周转状况和饲料状况,制订不同时期的生长目标,从而确定育成牛各阶段的日粮组成和管理进程。一般在 6 月龄、12 月龄、配种、18 月龄、初产要进行体重和体尺测量,并详细记录。

(7)初次配种　配种前要进行发情观察、记录发情日期,发情记录有助于下一次配种时的发情预测及计算预产期。

(8)受胎后的管理　怀孕后育成牛的管理需要耐心,经常进行刷拭、按摩,要防止牛格斗、滑倒、爬跨,以防流产。为了让育成牛顺利分娩,应在产犊前 7～10 d 调入产房,以适应新环境。

步骤三、制订育成牛饲养管理方案

根据所学知识,制订出一个育成牛饲养管理方案。

【职业能力测试】

一、填空题

1.育成牛是指从_____到_____这一时期的牛。

2.育成牛的日粮应以_____饲料为主,以_____饲料为辅。

3.育成牛每日至少要有_____h 以上的运动。

二、判断题

(　)1.犊牛、育成牛较小,所以不用运动。

(　)2.育成公牛原则上应增加日粮中精料量并减少粗料量,以免形成草腹,影响种用性能。

(　)3.育成牛的特点是生长发育快,体质健壮,活泼好动。

(　)4.不管哪一种育成牛,放牧都是最好的饲养方式。

(　)5.育成牛饲养管理的中心任务是:保证充分生长发育,做到适时配种,顺利产犊。

三、问答题

1.简述育成牛的特点及培育目标。

2.怎样才能饲养好育成牛?

3.育成牛的管理要点有哪些?

任务三　乳牛常规饲养管理

【学习任务】

1.学习乳牛生产常规饲养知识。

2.学习乳牛生产日常管理技术。

3.学会制订乳牛常规饲养管理方案。

【必备知识】

◆ 一、乳牛生产性能评定

1.群体产乳量的统计方法

全群产乳量的统计,应分别计算成年牛(应产牛)的全年平均产乳量和泌乳牛(实产牛)的全年平均产乳量。计算方法如下:

$$成年牛全年平均产乳量＝\frac{全群全年总产乳量}{全年平均每日饲养成年母牛头数}$$

$$泌乳牛全年平均产乳量＝\frac{全群全年总产乳量}{全年平均每日饲养泌乳母牛头数}$$

式中,"全群全年总产乳量"是指从每年1月1日开始到12月31日止,全群牛产乳的总量;"全年每日饲养成年母牛头数"是指全年每日饲养的成年母牛头数(包括泌乳、干乳或不孕的成年母牛)的总和除以365 d(闰年用366 d);"全年每日饲养泌乳母牛头数"是指全年每日饲养泌乳牛头数的总和除以365 d(闰年用366 d)。

2.个体产乳量的测定与计算

(1)测定方法 最精确的方法是将每头母牛每日每次的产乳量进行称量和登记。中国乳牛协会建议用每月测定3 d的日产乳量来估计全月产乳量的方法。其具体做法是在一个月内记录产乳量3 d,各次间隔为8～11 d之后用下列公式估算全月乃至全泌乳期产乳量:

$$全月产乳量(kg)＝(M_1×D_1)＋(M_2×D_2)＋(M_3×D_3)$$

式中,M_1,M_2,M_3为测定日全天产乳量;D_1,D_2,D_3为当次测定日与上次测定日间隔天数。

(2)个体产乳量的统计指标

①305 d产乳总量:是指自产犊后第一天开始到305 d为止的总产乳量。不足305 d的,按实际奶量,并注明泌乳天数;超过305 d者,超出部分不计算在内。

②305 d校正产乳量。虽然乳牛的泌乳期要求为305 d,但有的乳牛泌乳期达不到305 d,或超过305 d而又无日产乳记录可以查核。为便于比较,可依据本品种母牛泌乳的一般规律拟订出校正系数(表5-3),作为换算的统一标准,再将这些产乳量记录用系数校正为305 d的标准乳量。

③全泌乳期实际产乳量:是指自产犊后第一天开始到干乳为止的累计奶量。

④终生产乳量:个体终生各个胎次实际产乳量的总和。

表 5-3　荷斯坦牛泌乳期不足或超过 305 d 的校正系数

泌乳期时间/d	胎次			泌乳期时间/d	胎次		
	1 胎	2～5 胎	6 胎以上		1 胎	2～5 胎	6 胎以上
240	1.182	1.165	1.155	305	1.000	1.000	1.000
250	1.148	1.133	1.123	310	0.987	0.988	0.988
260	1.116	1.103	1.094	320	0.965	0.970	0.970
270	1.086	1.077	1.070	330	0.947	0.952	0.956
280	1.055	1.052	1.047	340	0.924	0.936	0.939
290	1.031	1.031	1.025	350	0.911	0.925	0.928
300	1.011	1.011	1.009	360	0.895	0.911	0.916
305	1.000	1.000	1.000	370	0.881	0.904	0.913

注:使用系数时,如某牛已产奶 265 d,可使用 260 d 的系数;如产奶 266 d 则用 270 d 的系数进行校正;其余类推。

3.乳脂率的测定与计算

乳脂率是反映牛乳质量的重要指标,因此必须测定乳脂率。常规的乳脂率测定方法有盖勃氏法和巴布科克氏法或电子乳脂自动检测仪测定。通常在全泌乳期的 10 个泌乳月内,每月测定 1 次,将测定的数据分别乘以各该月的实际产乳量,而后将所得的乘积累加起来,被总产乳量来除,即得平均乳脂率。乳脂率用百分率表示,计算公式是:

$$平均乳脂率 = \frac{\sum(F \times M)}{\sum M} \times 100\%$$

式中,$\sum$ 为累计的总和;F 为每次测定的乳脂率;M 为该次取样期内的产乳量。

由于乳脂率测定工作量较大,为了简化手续,近年中国乳牛协会提出 3 次测定法来计算其平均乳脂率,即在全泌乳期中的第 2、第 5 和第 8 泌乳月内各测 1 次,而后应用上列公式计算其平均乳脂率。

4.4％标准乳的换算

不同个体牛所产的乳,其乳脂率高低不一。为评定不同个体间产乳性能的优劣,应将不同含脂率的乳校正为同一含脂率的乳,然后进行比较。常用的方法是将不同乳脂率都校正为 4％乳脂率的标准乳,以便比较。其换算公式为:

$$4\%标准乳(FCM) = M \times (0.4 + 15F)$$

式中,FCM 为含脂率 4％的标准乳;M 为乳脂率为 F 的乳量;F 为实际乳脂率。

二、乳牛的泌乳特点及规律

(1)乳牛的生产周期和泌乳曲线　乳牛生产周期一般由 305 d 泌乳期和 45～60 d 干乳期组成。在 305 d 的泌乳期内按日产乳量看,开始时低,在产后 60～70 d,日产乳量达到高峰,高峰过后,有一个平稳阶段,约在产后 200 d 后产乳量下降,直到停乳,这样产乳量的升降就形成一个泌乳曲线(图 5-5)。

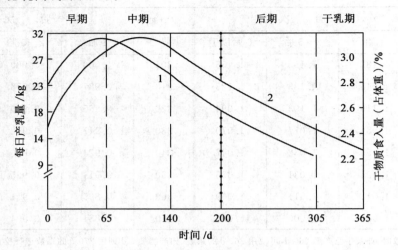

1.泌乳曲线 2.采食量曲线

图 5-5 乳牛的泌乳曲线

在正常营养状况下,乳牛不同胎次产乳量受乳房生长发育的影响,第一胎产乳量低,随着胎次和年龄的增长,产乳量逐次提高,到第 5～6 胎达到终生最高产乳量,以后各胎次产乳量便持续下降。

(2)乳汁的形成与分泌 牛的乳房分左右两半,共四个乳室,每个乳室各有一组乳腺,而且互不相通。牛乳是乳腺细胞的代谢产物,是乳腺细胞吸收各种养分,经过一系列复杂的生理生化反应合成的。乳腺的工作强度很大。据研究,每生产 1 kg 牛乳,约需 540 L 血液流经乳腺。乳汁的形成从母牛妊娠的后半期开始,到妊娠末期,乳腺内已积累了相当数量供转化成乳汁的成分,成为乳的成品、半成品,母牛分娩后便开始泌乳。

【实践案例】

根据调查了解,结合所学知识,制订出一个乳牛常规饲养管理方案。

【制订方案】

完成本任务的工作方案见表 5-4。

表 5-4 完成本任务的工作方案

步骤	内容
步骤一	了解乳牛生产的常规饲养管理知识
步骤二	到乳牛场调查、了解、体会乳牛生产常规饲养管理技术
步骤三	制订一个乳牛饲养管理方案

牛羊生产

【实施过程】

步骤一、了解乳牛生产的常规饲养管理知识

1.乳牛常规饲喂

(1)定时定量,少给勤添。精饲料按量饲喂,粗饲料自由采食,这样可以根据牛的食欲强弱,自行调节营养物质的进食量。"少给勤添"可保持瘤胃内环境的恒定,使食糜均匀通过消化道,并提高饲料的消化率和吸收率。

(2)饲料过筛,防止异物。喂牛的精、粗饲料要用带有磁铁的清选器清筛,除去其中夹杂的铁钉、铁丝、玻璃、石块等尖锐异物,以免造成网胃-心包创伤。

(3)更换饲料,逐步进行。牛瘤胃细菌区系的形成需要 20～30 d。一旦打乱,恢复很慢。因此,在更换饲料种类时必须逐渐进行。采用交叉式过渡比较安全,过渡的时间应在 10 d 以上。

(4)饲喂次数及顺序。国内一般采用 3 次饲喂、3 次挤乳的工作日程。乳牛的饲喂顺序一般是先粗后精、先干后湿、先喂后饮的方法。饲喂顺序一经确定就不要随意更改。目前,多数规模化乳牛场采用 TMR(全混合日粮)的饲喂方法。

(5)饮水和盐槽的放置。水对乳牛极为重要。牛奶中含水 87％以上,如饮水不足,就会直接影响产乳量。因此,必须保证母牛每日有足够的饮水,最好采用自由饮水。为给牛补充各种矿物质和微量元素,要在运动场中放置盐槽,或吊挂一些"盐砖",让牛自由舐食。

2.乳牛日常管理

(1)保持清洁卫生。牛舍内的空气、温度、湿度及舍内卫生情况,对牛的健康及乳产品质量均有直接的关系。因此,牛舍、运动场要保持清洁干燥,定期消毒。要经常刷拭牛体(图5-6),既有助于皮肤卫生,又有防暑降温作用,有利于产乳量的提高。

(2)保证适当运动。乳牛在舍饲时必须保证每日有 2～3 h 的自由运动。

(3)注意护理肢蹄。为了保护牛蹄,牛舍内应保持清洁干燥,运动场的凹洼处应填平以免积水,每日清除场内粪便。每年春秋两季定期修蹄;用 5％～10％硫酸铜(或 3％福尔马林)溶液定期清洗牛蹄,可预防蹄病发生。

(4)挤乳。乳牛挤乳方式有手工挤乳和机器挤乳(图5-7)2 种,为了保证牛奶卫生,提倡应用机器挤乳。

图 5-6　自动牛体刷

图 5-7　坑道式挤乳厅

挤乳前的准备：挤乳人员应备齐挤乳工具，剪短指甲，穿上工作服，洗净双手。将牛保定好，清洁牛体和牛乳房，按摩乳房刺激排乳。经过按摩后，乳牛的乳房膨胀，皮肤表面血管怒张，呈淡红色，皮温升高，触之很硬，即可开始挤乳。

手工挤乳：手工挤乳主要用压榨法（图5-8），用拇指和食指扣成环状先压紧乳头基部，然后中指、无名指、小指依次压挤乳头，把乳挤出。要求每分钟压榨80～120次。

机器挤乳：挤乳时先打开气门，再将集乳器的4个吸杯套于乳头上。在挤乳过程中，要观察乳流情况，挤乳即将结束时，要用一只手按摩乳房，另一只手稍稍向下压住集乳器，以挤净乳房中的奶。如无乳流通过集乳管，应关闭挤乳桶或真空导管上的开关，轻轻卸下乳杯。

挤乳后的工作：挤乳完成后，用乳头消毒剂点滴乳头，以防乳头感染。用85℃热水冲洗机器，晾干。

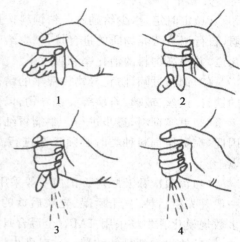

图5-8　压榨法挤乳

挤乳应注意的事项：每头牛应在刺激排乳后1 min内套上奶杯，5～8 min内挤乳完毕；要挤掉"头把奶"，前3～4把奶细菌很多，应弃掉，单挤在一个容器内，避免污染环境；患有乳腺炎或其他疾病的牛不能参与正常挤乳，避免交叉传染；挤乳时注意人畜安全；保持环境安静，避免噪音惊扰。

步骤二、到乳牛场调查、了解、体会乳牛生产常规饲养管理技术

（1）观察乳牛场每日饲喂牛的次数，各种牛的饲喂量，饲喂方式等，并做好记录。

（2）观察记录乳牛场对各种牛群日常管理措施有哪些，实施效果如何。

步骤三、制订一个乳牛饲养管理方案

利用所学理论，为100头产乳牛群制订一个饲养管理方案。

【知识拓展】

● TMR（全混合日粮）

TMR（全混合日粮）饲养技术（图5-9）是根据乳牛不同饲养阶段的营养需要，把切短的粗饲料和精饲料以及各种添加剂按照适当的比例，在饲料搅拌喂料车内进行充分混合，得到营养平衡的日粮，供牛自由采食的饲养技术。这种方法能避免乳牛挑食，增加采食量；方便实行机械化喂料，简化饲养程序；避免因瘤胃机能障碍而引起的产奶量、乳脂率下降和消化道疾病等现象。

图5-9　TMR（全混合日粮）饲养技术

一、填空题

1.表示个体产乳量的统计指标有_____、_____、_____、_____。

2.乳牛生产周期由_____和_____组成。

二、选择题

1.乳牛干乳期时间一般为( )d。

A. 20～30　　　　B. 45～60　　　　C. 282　　　　D. 305

2.某乳牛305 d产乳总量为5 000 kg,乳脂率为3.5%,则校正为乳脂率4.0%的标准乳应为( )kg。

A. 4 625　　　　B. 4 720　　　　C. 5 000　　　　D. 5 125

3.荷斯坦牛最适宜的环境温度是( )。

A. 0～5℃　　　B. 5～10℃　　　C. 10～16℃　　　D. 25～30℃

4.乳牛一般在( )胎时产乳量达到最高。

A. 第1　　　　B. 第2　　　　C. 第5　　　　D. 第8

三、判断题

( )1.一般来说,乳牛年龄越大,产乳量越高。

( )2.乳脂率与牛乳质量有很大关系。

( )3.相对于机器挤乳,手工挤乳更有利于保持牛乳的卫生

( )4.为防止乳腺炎,每次给乳牛挤奶后应用消毒液消毒乳房。

( )5.每次挤奶前应检查乳牛是否患有乳腺炎。

四、问答题

1.乳牛泌乳有哪些特点和规律?

2.乳牛日常管理的措施主要有哪些?

任务四　乳牛分阶段饲养管理

【学习任务】

学会根据乳牛泌乳规律划分不同生理阶段,掌握乳牛不同生理阶段的饲养管理技术。

【必备知识】

根据母牛产后不同时间的生理状态,营养物质代谢的规律以及体重和产乳量的变化(图5-10),泌乳期可分为以下几个阶段。

(1)泌乳初期　一般是指母牛从产犊后至15～20 d。此阶段乳牛能量消耗很大,食欲尚未恢复,消化机能减弱,体质较虚弱,抗病能力差,生殖器官正在恢复,乳腺及循环系统机能还不正常,体内能量入不敷出,但产乳量又在上升。因此,此阶段体质恢复与产乳矛盾突出。饲养管理的中心任务是使母牛迅速恢复体质,增进食欲,防止产后瘫痪等疾病的发生。

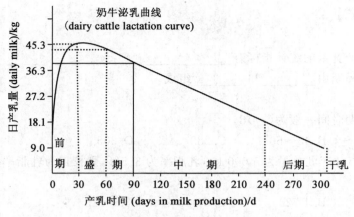

图 5-10　乳牛的泌乳曲线

（2）泌乳盛期　一般指从产后 16～20 d 至 2 个月左右,高产牛可延续到 3 个月。此阶段母牛产乳量迅速上升,一般在 6～8 周达到产乳高峰并可维持到 3 个月以后。虽然此阶段食欲逐渐恢复,但在产后 10～12 周干物质采食量才达到高峰,此时,乳牛能量代谢呈现负平衡,不得不分解体组织,以满足产乳的营养需要,故牛体逐渐消瘦,体重减轻。因此,充分发挥乳牛的产乳潜力、尽量减少牛体能量负平衡是此期的主要任务。

（3）泌乳中期　是指泌乳盛期之后至产后的 7～8 个月。此期母牛产乳量缓慢下降,各月份的下降幅度为 5％～7％。母牛体质逐渐恢复,自产后 5 个月起体重开始增加。这个时期的饲养任务是控制产乳量下降的幅度,防止采食过多而肥胖。

（4）泌乳后期　是指母牛干乳前 2～3 个月。此期母牛已到妊娠后期,胎儿生长发育加快,母牛要消耗大量营养物质,以供胎儿生长发育的需要。同时,泌乳量急剧下降。此期应以保证胎儿正常生长发育为主要任务。

（5）干乳期　母牛在产犊前 2 个月左右停乳,这段时间称为干乳期。干乳期的长短,依每头母牛的具体情况而定。一般是 45～75 d,凡是初产母牛、早配牛、体弱牛、老年牛、高产牛以及饲料条件恶劣的母牛,需要较长的干乳期（60～75 d）,而体质强壮、产乳量低、营养状况较好的母牛,干乳期可缩短为 30～45 d。干乳期是母牛身体蓄积营养物质的时期。此期以保证胎儿正常发育,保证母牛健康为饲养管理中心任务。

【实践案例】

作为乳牛场饲养管理技术员,请你制订一个成年乳牛分阶段饲养管理方案。

【制订方案】

完成本任务的工作方案见表 5-5。

表 5-5　完成本任务的工作方案

步骤	内容
步骤一	了解乳牛分阶段饲养管理知识
步骤二	制订乳牛分阶段饲养管理方案

【实施过程】

步骤一、了解乳牛分阶段饲养管理知识

1. 泌乳初期饲养

分娩后 3 d 内的乳牛,只喂给优质干草和少量以麦麸为主的混合精料,控制饲喂催乳饲料。4～5 d 可喂少量青绿多汁饲料(5～6 kg)和精料(1.0 kg)。之后随着乳房水肿的消除和产乳量的上升逐步加大精料饲喂量,一般每隔 2～3 d 增加 0.5～1.0 kg。当乳房水肿完全消除以后,即可正常饲喂。此外,产后 1 周宜饮 37～38℃ 温水,之后再逐渐转到常温饮水。管理技术:母牛产后 30～60 min 即可挤乳。挤乳过程中,一定要遵守挤乳操作规程,保持乳房卫生,以免诱发乳腺炎。对体质较差或高产乳牛,产后 4～5 d 内不可将乳房中的乳汁挤干,特别是在产后第一天挤乳时,每次大约挤出 2 kg,够犊牛饮用即可。第二天挤出全天奶量的 1/3,第三天挤出 1/2,第四天挤出 3/4 或完全挤干。对低产或乳房没有水肿的牛,泌乳开始就可挤干。

2. 泌乳盛期饲养管理

由于泌乳盛期母牛体内营养规律处于负平衡状态,牛体迅速消瘦,此时首先大量饲喂优质干草和含干物质较高的青贮玉米,其次应多喂精料。日粮干物质采食量应占体重的 3.2%～3.5%,日粮精粗料干物质比例应控制在 60:40,粗蛋白质占日粮干物质的 16%～18%,钙占 0.6%,磷占 0.45%,粗纤维占 15%(高产牛最低不低于 13%)。管理方面要精心照料,加强乳房护理;适当增加挤乳次数,如变原日挤乳 2～3 次为日挤乳 3～4 次;做好发情鉴定,抓紧配种。

3. 泌乳中期饲养管理

此期精料应根据产乳量饲喂,粗饲料自由采食。可调整日粮中精粗料比例,特别是泌乳早期精料比例在 60% 以上者,应使精料比例下降至 50% 或 50% 以下,减少日粮的能量浓度,粗蛋白质也相应降低,占日粮干物质的 14%～15%。

4. 泌乳后期饲养管理

此期母牛的营养需要包括维持、泌乳、修补组织、胎儿生长和妊娠沉积等多个方面,故母牛对养分需求仍在增加。此期要求母牛干物质采食量为体重的 3%,精料与粗料干物质比为 30:70,日粮粗蛋白质占 12%～13%。可按体重和产乳量每 1～2 周调整一次精料量,同时应注意膘情、膘情差、体质弱的母牛可适当增加精料,以满足母牛复膘和胎儿迅速生长的需要。管理方面要做好母牛干乳前的一切准备工作,以免影响母牛健康。禁止喂给带冰或发霉变质饲料,注意母牛保胎,防止机械性流产。

5. 干乳牛的饲养管理

(1)干乳牛的饲养 干乳母牛的饲养分 2 个阶段进行。从干乳起到产犊前 2～3 周为干乳前期,为巩固干乳效果,对体况较好的牛,要减少精料的饲喂量,以青粗料为主。对于营养良好的干乳母牛,从干乳期到产前最后几周,一般只给予优质干草。对营养状况较差的高产母牛,要提高饲养水平,可按日产乳 10～15 kg 的标准饲养,并注意补充钙、磷。产犊前的 2 周为干乳后期,此期除准备母牛分娩外,也要对即将开始的泌乳和瘤胃对日粮变化的适应进行必要的准备。因此,日粮中要提高精料水平,这对头胎育成母牛和高产母牛更为必要。饲喂方法可采用泌乳期的"引导饲养法"。

（2）干乳期的管理　①卫生管理。干乳牛新陈代谢旺盛,每日要加强对牛体的刷拭,以保持皮肤清洁,促进血液循环。同时,必须保持牛床清洁干燥,勤换垫草,尤其要保持母牛乳房和后躯卫生。另外,要尽量减少应激刺激(噪声、酷热、待牛态度恶劣等)。②做好保胎工作。防止流产、难产及胎衣滞留。因此,要保持饲料的新鲜和质量,绝对不能饲喂冰冻饲料、腐败霉变饲料和有麦角、霉菌、毒草的饲料;冬季不可饮过冷的水(水温低于 10～12℃)。③坚持适当运动。夏季可在良好的草地放牧,让其自由运动。但必须与其他牛群分开,以免互相挤撞而流产。冬季可在户外运动场自由运动 2～4 h,产前停止运动。④做好乳房按摩。对干乳牛要每日进行乳房按摩,促进乳腺发育。按摩应开始于干乳成功 1 周后到临产前 2 周的时间里。⑤分娩前管理。母牛在分娩前 2 周左右应转到产房,使之习惯产房环境。产房必须提前清洁消毒,铺好柔软垫草。

步骤二、制订乳牛分阶段饲养管理方案

根据理论知识,结合调查、参观乳牛场,制订一个成年乳牛的分阶段饲养管理方案。

【知识拓展】

1.乳牛干乳期的意义

干乳是母牛饲养管理过程中的一个重要环节,在乳牛生产中具有重要意义:

(1)干乳有利于胎儿的发育。在妊娠后期,胎儿增重加大,需要较多营养供胎儿发育,实行干乳,有利于胎儿的发育。

(2)干乳有利于恢复乳腺机能。在干乳期间,泌乳期中萎缩的乳腺泡和损伤的乳腺组织得到修复更新,有利于下一个泌乳期的泌乳。

(3)干乳有利于恢复母牛体况。母牛经过长期的泌乳与妊娠,消耗了体内大量营养物质,因此需要有干乳期,使其体内亏损的营养得到补充,为下一个泌乳期能更好地泌乳打下良好的体质基础。

(4)干乳有利于减少消化道疾病、代谢病和传染病。

2.乳牛干乳的方法

当乳牛到达停乳时期,即应采取措施,使它停止产乳。干乳的方法如下:

(1)自然干乳法。乳牛在预定干乳时,日产乳量很低,即可自然干乳而不必人为干预。

(2)逐渐干乳法。此法要求在 15～20 d 内完成干乳。方法是:在预定干乳前的 10～15 d 开始逐渐减少青饲料、青贮饲料和多汁饲料,逐渐限制饮水,停止运动和放牧,停止按摩乳房,改变挤乳次数和挤乳时间,也可以改换挤乳地点,当日产乳量降至 4～5 kg 时,即可停止挤乳。

(3)快速干乳法。此法要求在 4～5 d 完成干乳。中低产牛多用这种干乳方法。具体做法是:从干乳的第一天起,减少精料,停喂青绿多汁饲料,控制饮水,减少挤乳次数和打乱挤乳时间。由于母牛在生活规律上突然发生巨大变化,产乳量显著下降,一般经过 4～6 d,日产乳量下降到 5～8 kg 时即可停止挤乳。最后挤乳要完全挤净,用杀菌液进行消毒后,注入干乳软膏,之后再对乳头表面进行消毒。

(4)骤然干乳法。在预定停乳日的某一班次对母牛认真按摩乳房,将乳挤净,擦净乳房

乳头后,用消毒剂浸没乳头,注入青霉素或金霉素眼膏,再封闭乳嘴,不再动乳头。洗刷牛身时,要防止触及乳房,但应经常注意乳房变化,一般在最初乳房可能继续充胀,只要不发生红肿、发热、发亮等不良情况,就不必干预,经 3～5 d 后,乳房内积乳渐被吸收,约 10 d 乳房收缩松软,干乳工作结束。

【职业能力测试】

一、填空题

1. 根据牛的泌乳规律,乳牛泌乳期可划分为 _____ 、_____ 、_____ 、_____ 、_____ 5 个阶段。

2. 乳牛干乳期一般为 _____ d,干乳方法有 _____ 、_____ 、_____ 、_____ 。

二、选择题

1. 应使母牛迅速恢复体质,增进食欲,防止产后瘫痪等疾病发生的阶段是 _____ 。

A. 泌乳初期　　　B. 泌乳盛期　　　C. 泌乳中期　　　D. 泌乳后期

2. 应充分发挥乳牛的产乳潜力、尽量减少牛能量负平衡的阶段是 _____ 。

A. 泌乳初期　　　B. 泌乳盛期　　　C. 泌乳中期　　　D. 泌乳后期

3. 泌乳盛期乳牛日粮精粗料干物质比例应控制在 _____ 。

A. 30：70　　　B. 40：60　　　C. 50：50　　　D. 60：40

三、判断题

( )1. 在乳牛的泌乳中期,应防止牛采食过多而肥胖。

( )2. 乳牛的泌乳盛期,应以发挥产乳潜力,减轻能量负平衡为主要任务。

( )3. 产后母牛产乳量上升很快,因此产后母牛应该多给精料,促进产乳。

( )4. 为防止乳腺炎,应在乳牛产后即将乳房挤空。

四、问答题

1. 泌乳牛可分为哪些阶段?各阶段有哪些生理特点?饲养管理中心任务是什么?

2. 乳牛干乳期有哪些意义?

任务五　肉牛饲养管理

【学习任务】

1. 学习并掌握肉牛的生产特点,生产力评价的指标和评定方法。

2. 学习并掌握饲养管理相关知识,能制订出一个合理的肉牛饲养管理方案。

【必备知识】

牛肉蛋白质含量高于其他肉类,是低脂肪、低胆固醇的理想肉食,在国际市场上牛肉一直供不应求。改革开放以来,特别是近 10 多年来,我国的肉牛产业得到了较快的发展。我国既是世界主要牛肉生产大国,同时也是牛肉消费大国。现阶段养牛工作主要是把本地的役用牛改良为肉牛,提高肉牛生产性能,以满足国民生活的需求。

一、影响肉牛性能的因素

（1）品种和类型　品种和类型是影响牛生长速度和育肥效果的重要因素。专门化的肉牛品种在生长速度、屠宰率、净肉率和饲料利用率等方面要高于一般品种。不同品种的肉牛产肉性能也不一致。大型品种如夏洛来牛，增重速度快，成熟迟，出肉率高，肌间脂肪含量少；中小型品种如海福特、安格斯牛，增重速度较慢，成熟早，肌间脂肪含量丰富，大理石纹明显。

（2）年龄　年龄对牛的增重影响很大。一般来说，肉牛在 3～12 月龄生长速度最快。饲料利用率会随着年龄增长、体重增大而呈下降趋势。肉牛的大理石花纹在 12 月龄前很少，12～24 月龄迅速增加，30 月龄后变化很小。幼牛的肌纤维细，嫩度好，肉质良好，但香味较差，而且水分多。成年牛屠宰率高，脂肪含量高，味香，肉质好。老年牛肌纤维粗，嫩度差，肉质劣。因此，肉牛一般在 18～24 月龄出栏，最迟不超过 30 月龄。

（3）性别和去势　性别会影响牛肉的产量和质量。据试验，在相同的饲养条件下，公牛生长速度最快，阉牛次之，母牛最慢。公牛对饲料的转化率和生长率一般要比母牛分别高12％和 8.7％。公牛增重快，瘦肉率高，但脂肪含量少。阉牛和母牛虽然生长慢，但容易育肥，肉的品质好。因此，公牛应在进入育肥期前去势，如在 24 月龄出栏也可不去势。

（4）杂交　杂交是提高肉牛生产性能的重要手段。杂交后代生长速度快，饲养效率高，屠宰率和胴体产肉率高，肉质肉量均可超过双亲平均值。

（5）饲养管理　高营养水平可以提高牛的生长速度和肉的品质。在肉牛育肥阶段，精料可提高牛胴体脂肪含量，提高牛肉等级，改善牛肉风味。粗饲料在育肥前期可锻炼胃肠机能，促进生长。另外，良好的管理措施对肉牛的育肥速度也具有促进作用。

（6）环境　环境会影响肉牛的育肥速度。在高温高湿的夏季，由于牛的采食量明显下降，影响牛的增重，甚至减重。牛生长和育肥的最适宜温度为 10～21℃，低于 7℃，牛体产热量增加，维持需要增加，要消耗更多的饲料，环境温度高于 27℃，牛的采食量下降，增重速度降低。

二、肉牛各项生产力评定指标

1.体重和日增重

（1）初生重。犊牛出生后吃初乳前的活重。

（2）断奶重。肉用犊牛一般都随母哺乳，断奶时间很难一致。因此，在计算断奶重时，需校正到同一断奶时间，以便比较。断奶时间多校正为 180 d、200 d 或 210 d。

（3）日增重。日增重是衡量育肥速度的标志，是测定牛生长发育和育肥效果的重要指标。计算日增重首先要定期实测各发育阶段的体重，如初生重、断奶重、1 岁、1.5 岁或 2 岁体重。

$$哺乳期平均日增重 = \frac{断奶体重 - 初生重}{哺乳期天数}$$

$$育肥期平均日增重 = \frac{期末体重 - 初始体重}{育肥期天数}$$

2.饲料转化率

饲料转化率是考核肉牛经济效益的重要指标,它与增重速度之间存在正相关。应根据总增重及饲养期内的饲料消耗来计算每千克体重的饲料转化率。其计算公式如下:

$$饲料转化率 = \frac{饲养期内共消耗饲料干物质}{饲养期内纯增重}$$

3.屠宰测定指标

(1)宰前肥度评定 用肉眼观察牛个体大小、体躯宽窄与深浅度、腹部状态、肋骨长度与弯弓度,以及垂肉、下胁、背、肋、腰、臀、耳根和阴囊等部位。具体评膘标准见表5-6。

表5-6 肉牛宰前评膘标准

等级	评定标准
特等	肋骨、脊骨和腰椎横突都不突现。腰角臀端呈圆形,全身肌肉发达,肋骨丰满,腿肉充实,并向外突出和向下延伸
一等	肋骨、腰椎横突不显现。但腰角与臀端末圆,全身肌肉较发达,肋骨丰满,腿肉充实,但不向外突出
二等	肋骨不甚明显,尻部肌肉较多,腰椎横突不甚明显
三等	肋骨、脊骨明显可见,尻部如屋脊状,但不塌陷
四等	各部关节完全暴露,尻部塌陷

(2)宰前重 宰前绝食 24 h 后的活重。

(3)胴体重 放血后除去头、尾、皮、蹄(肢下部分)和内脏所余体躯部分的重量,并注明肾脏及其周围脂肪重。在我国,胴体重包括肾脏及肾周脂肪重。

(4)净肉重 胴体除去剥离的骨、脂后,所余部分的重量。

(5)骨重 胴体剔除肉以后的骨头重量。

(6)屠宰率 胴体占宰前活重的百分率。

$$屠宰率 = \frac{胴体重}{宰前活重} \times 100\%$$

(7)净肉率。净肉重占宰前活重的百分率。

$$净肉率 = \frac{净肉重}{宰前活重} \times 100\%$$

4.胴体质量

肉牛的胴体质量性状主要包括眼肌面积、脂肪厚度、嫩度、大理石花纹、胴体等级等。

(1)眼肌面积。第12~13肋骨间眼肌(背最长肌)的横切面积(cm^2)。

(2)背脂厚。第5~6胸椎间离背中线 3~5 cm,相对于眼肌最厚处的皮下脂肪厚度。

(3)大理石花纹。根据眼肌横切处的大理石花纹丰富程度,牛肉的大理石花纹可评为不同的等级。判断大理石花纹的等级可对照其等级图谱来确定(图5-11)。

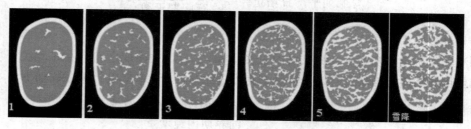

图 5-11 牛肉大理石花纹等级图谱

三、肉牛的生长发育规律

(1)体重增长规律 在比较理想的营养和饲养管理条件下,肉牛的生长速度很快。肉牛呈缓S曲线或近似直线的模式增重。肉牛出生后,最初生长速度比较缓慢,随着年龄的增长和体成熟,生长速度逐渐加快。当肉牛的年龄接近性成熟时,生长速度才逐渐变慢,最终在达到性成熟时停止生长。在24月龄以内,肉牛生长的主要是肌肉。性成熟前肉牛器官、骨骼和肌肉生长快速。接近性成熟时,肌肉生长速度下降而脂肪的沉积速度加快。

(2)限制生长 在营养供给充足、饲养管理条件良好的正常情况下,肉牛的增重迅速。而当营养物质摄入量不足或饲养管理比较粗放时,肉牛的饲料采食量严重不足,其摄入的营养物质不能满足生长或增重的需要,甚至不能满足维持需要,肉牛就动员体内贮存的营养物质用于维持需要,导致肉牛的体重不但不增加,反而减轻。这样造成肉牛本身的生长潜力不能发挥,生长受到限制。这种状况被称为限制生长。限制生长的严重程度取决于饲料的组成、饲料的供给量、气温以及肉牛的品种等多种因素。生长潜力越大的肉牛品种,饲养管理条件不合理时,生长受限制的程度越严重。

(3)补偿生长 当饲料、饲养条件比较粗放时,肉牛会发生限制生长。架子牛具有较强的生长潜力,所以当饲养管理条件和营养状况得到改善时,架子牛的肌肉和脂肪的生长速度会显著加快。这种现象叫作肉牛的补偿生长,是肉牛育肥的理论基础。补偿生长的前提是架子牛在生长的关键时期生长受限制的时间和程度不能过于严重。

四、肉牛育肥方法分类

(1)舍饲持续育肥 选择专门化的肉牛品种或改良牛,在犊牛阶段给予合理饲养,断奶后即开始舍饲育肥,采用较高的饲养水平,限制活动,使其日增重在1 kg以上,18月龄时体重达到500～550 kg即可出栏。这种方法较适用于专门化品种或其杂交后代的育肥。

(2)放牧加补饲持续育肥 在牧草条件好的地区,犊牛培育完成之后,采取以放牧为主适当补饲精料的方法,到18月龄体重达350～450 kg时出栏。此法简单易行,增重较快,适用于本地牛和杂交改良牛的育肥。

(3)架子牛育肥 架子牛是指未经育肥或不够屠宰体况,年龄在1.5～4岁的成年牛。屠宰前对架子牛进行3～5个月的短期育肥叫作架子牛育肥。

【实践案例】

假如你是一位肉牛养殖场技术管理人员,请你根据当地饲料资源及育肥牛资源,制订合理的育肥方案,并应用于生产。

【制订方案】

完成本任务的工作方案见表5-7。

表 5-7 完成本任务的工作方案

步骤	内容
步骤一	了解肉牛育肥前的准备工作
步骤二	制订舍饲持续育肥技术方案
步骤三	制订放牧加补饲持续育肥方案
步骤四	制订架子牛饲养管理方案

【实施过程】

步骤一、了解肉牛育肥前的准备工作

(1)健康检查 选择健康无病牛进行育肥。

(2)分组、编号 育肥牛按品种、性别、年龄、体重及营养水平等,分成若干小组,对每头牛重新登记编号。详细记载开始肥育日期、体重、拟定的饲养方式和日粮组成等。

(3)驱虫 对育肥牛群进行体内外驱虫,重点是驱除消化道寄生虫,以保证牛体健康,提高饲料利用率,增加育肥经济效益。育肥牛驱虫应在育肥前 10 d 进行,集约化饲养应隔月重复驱虫一次。

图 5-12 舍饲直线育肥牛

(4)牛舍的准备 育肥牛舍应力求干燥、保温。冬季牛舍温度应保持在 6℃ 以上。

(5)饲料准备 按育肥方式和育肥日期,准备各种饲料。尤其是对粗饲料的准备,应根据当地资源,科学地调制,以提高其消化率和育肥效果。

(6)称重 一般肥育全程为 90 d,分为 3 期,每期 30 d,每期完成都要进行称重。结合本品种的肥育成绩,进一步调整、修订肥育方案。

(7)去势 成年公牛在育肥前半个月左右要进行去势。春夏季生的公犊,在 45～75 日龄去势;秋冬季出生的,可在 3～5 月龄时去势。舍饲快速育肥的小公牛,24 月龄内也可不去势,其育肥效果更好。

步骤二、制订舍饲持续育肥技术方案

饲养方案一:7月龄体重 150 kg 开始育肥至 18 月龄出栏,体重达到 500 kg 以上,平均日增重 1 kg 以上。具体方案见表5-8。

表 5-8 青贮＋干草类型日粮持续育肥方案

月龄	精料的配方/%							采食量/[kg/(头·d)]		
	玉米	麦麸	豆粕	棉粕	石粉	食盐	碳酸氢钠	精料	青贮玉米	干草
7～8	32.5	24	7	33	1.5	1	1	2.2	6	1.5
9～10	32.5	24	7	33	1.5	1	1	2.8	8	1.5
11～12	52	14	5	26	1	1	1	3.3	10	1.8
13～14	52	14	5	26	1	1	1	3.6	12	2.0
15～16	67	4	—	26	0.5	1	1	4.1	14	2.0
17～18	67	4	—	26	0.5	1	1	5.5	14	2.0

* 引自李建国《肉牛标准化生产技术》

饲养方案二：育肥始重 250 kg，育肥期 250 d，体重 500 kg 左右出栏；平均日增重 1 kg。日粮按牛的体重增长分 5 个阶段，50 d 更换一次日粮配方与饲喂量。粗饲料采用玉米秸秆，自由采食。具体饲养方案见表 5-9。

表 5-9 精料喂量和组成

体重阶段/kg	精料喂量/%	精料配方/%					
		玉米	麦麸	棉粕	石粉	食盐	碳酸氢钠
250～300	3.0	43.7	28.5	24.7	1.1	1.0	1.0
300～350	3.7	55.5	22.0	19.5	1.0	1.0	1.0
350～400	4.2	64.5	17.4	15.5	0.6	1.0	1.0
400～450	4.7	71.2	14.0	12.3	0.5	1.0	1.0
450～500	5.3	75.2	12.0	10.5	0.3	1.0	1.0

* 引自李建国《肉牛标准化生产技术》

管理措施：搞好卫生。要经常打扫，定期对牛舍地面、墙壁用 2% 烧碱溶液喷洒消毒，牛体和饲养用具用 1% 的新洁尔灭溶液消毒。每日刷拭牛体 1～2 次，保持牛体卫生。拴系定槽。为了提高减少牛的活动对育肥效果的影响，要对育肥牛进行拴系定槽，系牛缰绳以 40～60 cm 为宜。驱除体内外寄生虫。在断奶后、10 月龄、13 月龄各进行 1 次驱虫。经常观察牛只采食、饮水和反刍情况，做好疫病防治。防暑防寒。育肥牛舍温度以保持在 10～25℃ 为宜，应采取措施，确保冬暖夏凉。

步骤三、制订放牧加补饲持续育肥方案

（1）饲养方面　犊牛期 1～3 月龄随母哺乳，每日每头母牛补饲 1 kg 精料，以保证犊牛吃足奶；4～6 月龄，除哺乳外，每日每头犊牛补饲精料 0.25 kg、自由采食牧草，到 6 月龄强制断奶；7～12 月龄，半放牧半舍饲，白天放牧，晚上补饲一次，补饲量为玉米 0.25 kg、生长素 20 g、人工盐 20 g，尿素 25 g；13～15 月龄只放牧不补饲（如在枯草季节每日每头补饲 1～2 kg 玉米）；16～18 月龄驱虫后开始强度育肥，全天放牧，日分三次补饲青草，以及玉米 1.5 kg、

尿素 50 g、生长素 40 g、人工盐 25 g。经过短期育肥，18 月龄体重达 350～450 kg 出栏。

（2）管理方面　①放牧季节主要在每年的 5～11 月份。②按每群 30～50 头进行分群放牧，每头牛需要 1.5～2 hm² 草场。③在草场附近放置饮水器给牛充足饮水，放置盐砖进行补盐。④注意牛的休息，防止"跑青"。⑤防暑防寒，狠抓秋膘。

步骤四、制订架子牛饲养管理方案

（1）架子牛的选购　架子牛（图 5-13）一般散养于各地牧民或农户中，售价较低，可从市场购进直接育肥。选购架子牛时应注意以下几点。

①健康。逐头检疫，对有病的牛不得购入。

②选好品种。首选良种肉牛与本地牛杂交的后代，这样的牛肉质好、生长快、饲料报酬率高。

③体质体貌。架子牛要体格高大、四肢粗壮、前躯宽深、后躯宽长、嘴大口裂深、眼大有神、被毛细而亮、皮肤柔软而疏松并有弹性。切忌选择头大颈细、体短肢长、身窄臀尖的牛。

图 5-13　待售架子牛

④年龄和体重。选择架子牛年龄最好在 1.2～2.0 岁之间，体重在 300 kg 以上，这样的牛易育肥、肉质好、长得快、省饲料。

⑤性别。尽量选未去势的公牛，以提高育肥效果。

⑥膘情。膘情好，可以获得品质优良的胴体；膘情差，育肥过程中脂肪沉积少，会降低胴体品质。

（2）架子牛的育肥方案　根据育肥期的长短，架子牛育肥可分 3 阶段进行：

①育肥前期（适应期）：约需 15 d。首先让刚进场的架子牛充分饮水，自由采食粗料，上槽后仍以粗料为主，每日每头 1 kg 精料，与粗料拌匀后饲喂，逐渐增加到 2 kg，尽快完成过渡期。此期精粗料的比例为 30：70，日粮蛋白水平 12%，日增重可达到 0.8～1 kg。精料配方：玉米粉 45%，麦麸 40%，豆饼 12%，尿素 2%，预混料 1%；每头牛日饲磷酸氢钙 100 g、盐 40 g。

②育肥中期（过渡期）：通常为 30 d 左右。此期应选用全价、高效、高营养的饲料，让牛逐渐适应精料型日粮，干物质采食量要达到 8 kg，日粮粗蛋白水平为 11%，精粗料比为 60：40，日增重可达到 1.7 kg 左右。精料配方：玉米 65%，大麦 10%，麦麸 14%，菜籽饼 10%，预混料 1%；每头牛日饲磷酸氢钙 100 g、盐 40 g。

③育肥后期（催肥期）：约需 45 d。适当增加饲喂次数，并保证充足饮水。日粮以精料为主，干物质采食量达到 10 kg，日粮粗蛋白水平 10%，精粗料比为 70：30，日增重 1.9 kg。精料配方：玉米粉 75%，大麦 10%，菜籽饼 8%，麦麸 6%，预混料 1%；每头牛日饲磷酸氢钙 80 g，盐 40 g。

（3）架子牛的管理　育肥架子牛一般采取单槽舍饲、短缰拴系、限制活动，使其囤膘增肥。拴系的缰绳长 40～60 cm。饲喂时要定时定量，个体投料，日喂 3 次。给料要先粗后精，少喂勤添，增加或变更饲料时要逐渐进行。每次饲喂后要饮水 1 次，高温季节可适当增加饮水次数。应保持卫生,定期消毒。做到"五净",即草料净、饮水净、饲槽净、牛舍净、牛体净。牛舍内要保持干燥,每月消毒 1 次。饲养人员要细心观察牛的采食、饮水、反刍、粪便、精神状态等情况,发现异常及时采取措施。架子牛经过 3 个月左右育肥后,总增重量达 70～150 kg 时,应适时出栏。

【知识拓展】

● 高档牛肉生产

高档牛肉是指对育肥达标的优质肉牛,经特定的屠宰和嫩化处理及部位分割加工后,生产出的特定优质切块,一般包括牛柳、西冷和眼肉等切块。在生产高档牛肉的同时,还可以分割出优质切块,如尾龙扒、大米龙、小米龙、膝圆和腱子肉。随着我国人民生活水平的不断提高,市场对高档牛肉的需求日益增多,高档牛肉生产将成为牛肉生产的主流方向。

1. 育肥牛只要求

(1)品种 高档牛肉要用什么品种生产,这要从屠宰后的胴体性状来分析。引进的纯种肉牛如夏洛来、利木赞、皮埃蒙特、西门塔尔等以及其杂交后代都可以生产高档牛肉,我国地方良种黄牛如晋南牛、秦川牛、鲁西牛等也可以生产出高档牛肉。

(2)年龄和体重 生产高档牛肉以阉牛最好,最佳育肥年龄为 12～16 月龄,体重 300～400 kg。育肥期 8～12 个月,育肥期末体重达 550～600 kg,达不到这个要求,胴体质量就达不到应有的级别,或数量有限,失去经济意义。

(3)育肥牛体况 要求健康无病,发育正常,体躯长,背腰宽平,后躯发育好,肉用性能明显,采食能力强。

2. 育肥期确定

生产高档牛肉的育肥期,要根据育肥开始的年龄、体重以及不同地区对肉质的不同要求来确定。开始育肥年龄为 12～18 月龄,则育肥期一般为 8～10 个月。育肥期可分为增重期和肉质改善期。增重期主要是增加体重,以加大优质肉块为目的,生产西方高档牛肉需 4 个月,生产东方高档牛肉需 8 个月。肉质改善期主要以填充和沉积脂肪为主,生产西方和东方高档牛肉分别需 2 个月和 4 个月。

3. 饲养管理

(1)饲养 生产高档牛肉对牛的饲养管理要求较高,不同牛种对饲养要求也不尽相同。育肥高档肉牛,应采取高能量饲料平衡日粮、强度育肥技术及科学的管理。用于生产高档牛肉的优质肉牛,在犊牛及架子牛阶段可以放牧饲养,也可以围栏或拴系饲养,日粮干物质以精料为主。在增重期,按每 70～80 kg 体重喂 1 kg 混合精料,占日粮 60％～70％;在肉质改善期,每 60～70 kg 体重喂给 1 kg 混合精料,占日粮 70％～80％。育肥期精料配方见表5-10。

表 5-10 优质肉牛育肥期精料配方　　　　　　　　　　　　　　　　　　%

阶段	玉米面	豆饼	棉籽饼	油脂	磷酸氢钙	食盐	添加剂	小苏打
增重期	72	8	16	—	1.3	1.2	1.5	—
肉质改善期	83	12	—	1	1.2	0.8	1.5	0.5

牛羊生产

(2)管理　饲养期内做到保持牛舍、牛体、环境卫生。每月称重1次,每次连续两天早饲前空腹进行,两天称重结果的平均数为该次的实际体重。根据体重调整精粗饲料的饲喂量。适时进行肥度评定,当肉牛达到550～600 kg体重,平均日增重效益低于饲料成本时尽快出栏。

4.屠宰加工

屠宰与分割是优质高档牛肉的重要生产环节,应按照我国GB/T 17238—2008《鲜、冻分割牛肉》和NY 5044—2001《无公害食品　牛肉》标准进行肉牛屠宰、肉块分割或根据出口要求工艺加工。

(1)宰前准备　包括宰前检验、称重、赶挂等。卸车前经检验合格,证货相符时准予卸车。卸车后应观察牛的健康状况,合格的牛送待宰圈;待宰的牛只宰前应停食静养12～24 h,宰前3 h停止饮水,由专用通道牵到地磅上称重。称重后由赶牛人员及时把牛驱赶进屠宰车间。

(2)屠宰　通常按规定程序,倒挂屠宰、放血、剥皮、去内脏,胴体劈半为二分体,再冲洗修整,转挂称半胴体重。

(3)排酸　二分体胴体吊挂于排酸间48 h,以增加牛肉的多汁性和嫩度。排酸间温度0～4℃,相对湿度85%～90%。

(4)分割(图5-14)　根据用户的需求,一般进行12～17部位分割,高档肉块主要是牛柳、西冷、眼肉。其他优质肉块如会扒、尾龙扒、针扒、膝圆、腰肉按部位分割修整。各优质切块部位如图5-15、图5-16所示。

图5-14　肉牛分割部位图

(5)包装　分割后的肉块,用塑料袋抽真空包装,贴上标签,标明部位、重量、等级,进行速冻或0℃保鲜速运销售。

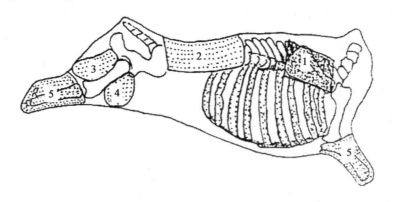

1.上脑　2.西冷(外脊)　3.小米龙　4.膝圆　5.腱子肉

图5-15　高档牛肉分割部位(一)

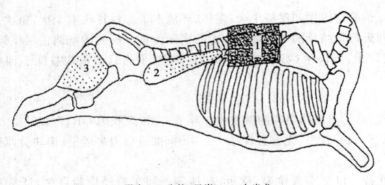

1.眼肉 2.牛柳(里脊) 3.大米龙

图 5-16 高档牛肉分割部位(二)

5.高档牛肉生产模式

高档牛肉一般供出口或销往国内涉外宾馆、饭店以及高级西餐厅,这些用户均要求高档牛肉生产经营者在保证牛肉品质的前提下,均衡地提供数量。要做到常年供应,满足用户对高档牛肉的数量和质量的要求,应实行一体化的生产经营模式。一体化的生产经营模式包括肉牛的饲养配套技术、肉牛屠宰配套技术、产品销售检测体系等。高档牛肉的生产模式见图 5-17。

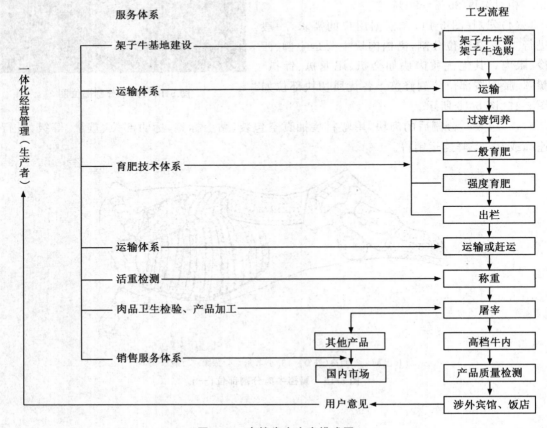

图 5-17 高档牛肉生产模式图

牛羊生产

一、填空题

1.肉牛的育肥方式主要有_____、_____、_____。

2._____是衡量育肥速度的标志。

3.高档肉牛对育肥牛只要求主要有_____、_____、_____。

二、选择题

1.下列各种牛中,生长速度最快的是(　　)。

A.公牛　　　　　B.阉公牛　　　　　C.母牛　　　　　D.阉母牛

2.肉牛适宜屠宰时间应在(　　)岁。

A.1～1.5　　　　B.2～3　　　　　　C.3～5　　　　　D.5～6

3.肉牛育肥最适宜的环境温度是(　　)。

A.0～5℃　　　　B.5～10℃　　　　C.10～25℃　　　D.25～30℃

三、问答题

1.影响牛肉用性能的因素有哪些?

2.肉牛育肥前要做好哪些准备?

3.架子牛的选购要注意哪些事项?

4.架子牛育肥要做好哪些管理措施?

任务六　乳用水牛饲养管理

【学习任务】

1.了解乳用水牛的育成过程。

2.掌握乳用水牛的饲养技术。

3.掌握乳用水牛日常管理技术。

【必备知识】

● 乳用水牛品种的培育

20世纪50年代和70年代,我国分别从印度、巴基斯坦引进两个著名乳用水牛品种,摩拉水牛和尼里-拉菲水牛。广西水牛研究所的研究人员利用它们对我国本地水牛进行杂交改良,他们用摩拉公牛和本地母水牛杂交,选育出杂交一代水牛,再用杂交一代母水牛与尼里-拉菲公牛杂交,就可以选育出三品系杂交水牛,也就是杂交二代水牛。

杂交后培育出来的水牛生产性能大大提高了,杂交一代水牛一个泌乳期平均产乳量为1 200～1 500 kg。杂交二代水牛产乳量在1 800～2 000 kg之间,个别优秀个体还会达到3 800 kg。从国外引进的纯种乳用水牛在我国经过几十年的选育,种群数量还非常小,远远满足不了市场需求。目前虽然杂交二代乳用水牛还在逐代选育当中,国家对此没有进行品种鉴定,但杂交二代乳用水牛是当前我国养殖乳用水牛的主要群体。

根据乳用水牛的生产、生理特点,乳用水牛饲养管理可以分为妊娠期、围产期、泌乳期和干乳期,应根据不同生产阶段的生理特点,设计不同的饲养管理方案。

【实践案例】

作为一个乳用水牛养殖场的技术员,请设计一个不同阶段的乳用水牛饲养管理方案。

【制订方案】

完成本任务的工作方案见表 5-11。

表 5-11　完成本任务的工作方案

步骤	内容
步骤一	了解乳用水牛各阶段特点和饲养管理要求
步骤二	制订符合乳用水牛各阶段特点的饲养管理技术方案

【实施过程】

步骤一、了解乳用水牛各阶段特点和饲养管理要求

(1)妊娠期母水牛的饲养管理　妊娠期一般分为前期、中期、后期 3 个阶段。

初产母水牛的妊娠期阶段是没有泌乳期和干奶期的,经产母水牛的妊娠正好和泌乳期与干奶期是重合的。所以经产母水牛的妊娠管理应参照后面介绍的泌乳期和干奶期母水牛饲养管理。

母水牛的妊娠前期是指从开始到妊娠前 3 个月,这个阶段在营养方面一般不需要特别增加,因为这个时候胎儿还很小,所需的营养不用太多。每头每日精料喂量为 1.5～2 kg,青粗饲料自由采食。

妊娠中期指的是妊娠 4～8 个月,胎儿明显增大,母水牛在激素调节下新陈代谢越来越旺盛,对饲料的需求提高,所以应充分给予青粗饲料,把精饲料用量减少到每头每日 1.2～1.8 kg。

妊娠后期是妊娠 9 个月至分娩。这个阶段胎儿体重急剧增加,必须给予充分饲料,保证各方面营养需要。能量、蛋白、钙、磷等都要比中期增多。精料饲喂量每头每日 2～4 kg,青粗饲料充分供给。初产母水牛妊娠期精饲料参考配方:玉米 50%,豆粕 24%,麦麸 22%,磷酸氢钙 1%,小苏打 1%,食盐 1%,母水牛预混料 1%。

(2)母牛围产期饲养管理　产前 15 d 到产后 15 d 这一个月时间称为围产期,一般情况下,围产期又可分为围产前期、分娩期与围产后期 3 个阶段。

围产前期在母水牛体重日益增大的情况下,应做到母水牛每 100 kg 体重饲喂 1.0～1.5 kg 精料,但最高饲喂不得超过体重的 1.0%～1.2%。直到临产前,精料喂量达到 5～6 kg,青粗饲料充分采食。围产期母水牛精饲料参考配方:玉米 51%,豆粕 21%,麦麸 24%,食盐 1%,磷酸氢钙 1%,小苏打 1%,母水牛预混料 1%。

临产前应给母牛清洗全身,并用刷子刷拭干净。用 50～100 倍浓度的新洁尔灭对母水

牛的外阴以及整个后躯进行消毒。

围产后期分娩后的 15 d 是母水牛的围产后期,母牛产后 1～3 d 应以适口易消化的青干草为主,配以优质精料及少量多汁料,冬天应给予 1～3 d 温水。在产后 4～15 d,母牛营养需要量明显增加,这时要调整饲养方案,采用"增料促乳"的方法,使蛋白质、能量水平大大提高,并特别注意补充钙、磷和维生素。围产后期精料的饲喂量以每头每日 4～7 kg 为宜,但具体用量还应视母水牛实际情况而定。最大饲喂量不可超过母水牛体重的 1.5%,青绿饲料每头每日 10～20 kg。

(3)泌乳期母水牛的饲养管理 乳用水牛母牛分娩后 15 d 至干乳这个时期称为泌乳期。乳用水牛的泌乳期一般为 285 d 左右,根据产奶量和母水牛本身的生理状况可分为泌乳前期和泌乳后期。

乳用水牛的泌乳前期也叫泌乳盛期,是从产后 15 d 至产后 60 d,泌乳前期占整个产奶量的 30% 左右,是发挥泌乳期潜能获得整个泌乳期高产奶量的重要阶段。必须抓住这个有利时机,加强饲养管理。精料料喂量为每头每日 6～10 kg,青绿饲料 15～25 kg,饮水充足。泌乳前期母水牛精料参考配方:玉米 58%,豆粕 13%,麦麸 26%,贝壳粉 1%,食盐 1%,母水牛预混料 1%。

泌乳后期是指从产后 60～285 d,泌乳量逐月下降,每个月下降的速度为 5%～7%,这时要保证母水牛体质健壮,可以延缓泌乳量下降速度,达到稳产、高产。所以产奶高峰期过后,要逐渐降低精料的喂量,为每头每日 5～8 kg,青绿饲料 30～50 kg。乳用水牛泌乳期在饲喂上要做到定时定量,少给勤添,先粗后精,先干后湿,先喂后饮。饲喂次数与挤奶次数一致,即一天 3 次挤奶,3 次喂料;或者 2 次挤奶,2 次喂料。饲喂条件要稳定,以形成固定的条件反射。另外在母水牛产犊后 60 d 左右,要经常仔细观察母水牛是否发情,以便及时配种。乳用水牛的挤奶方法参考乳牛饲养管理中对挤奶的介绍。

(4)干奶期饲养管理 母水牛在离产前 2 个月就要停止挤奶了,这时母水牛泌乳结束,进入了干奶期,一般为 2 个月左右。干奶是为了补充母水牛泌乳时所消耗的营养,以便恢复体力,为下一个泌乳期做好准备。

在干奶期间,每头每日精料喂量为 3 kg,青贮玉米 18 kg,青干草 3～3.5 kg。干奶期后 15 d,可按围产前期饲喂。因为干奶期和经产母水牛的妊娠后期是重合的,也是胎儿生长发育最快的时期,所以这时的营养搭配要适当增加氨基酸和蛋白质的含量。干奶期母水牛精料饲料参考配方:玉米 44%,豆粕 18%,麦麸 30%,玉米胚芽 5.5%,小苏打 1%,食盐 1%,母水牛预混料 0.5%。

步骤二、制订符合乳用水牛各阶段特点的饲养管理技术方案

根据乳用水牛各阶段特点,为一个 100 头乳用水牛群制订饲养管理方案。

【知识拓展】

● 水牛奶

水牛奶与人们熟知黑白花牛产的奶不同,水牛奶产量较低,营养价值高。据国家有关科研部门测定,1 kg 水牛奶所含营养价值相当于黑白花牛奶 1.85 kg,最适宜儿童生长发育和抗衰老的锌、铁、钙含量特别高,氨基酸、维生素含量非常丰富,是老幼皆宜的营养食品,因此

可称得上是奶中极品。广东、广西地区熟悉的姜撞奶、双皮奶,都必须用水牛奶来制作。

　　水牛奶的脂肪、蛋白质、乳糖含量是黑白花牛奶的数倍,矿物质和维生素含量也是黑白花牛奶和人乳的数十倍。其味香醇浓厚,胆固醇低,维生素、微量元素丰富,尤其是酪蛋白含量高,能进行高质量乳制品的深加工。作为一类高级营养食品,水牛奶制品日渐成为人们消费的"新宠"。水牛奶乳化特性好,100 kg 的水牛奶可生产 25 kg 奶酪,而相同量的黑白花牛奶只能生产 12.5 kg 奶酪。此外,水牛奶矿物质含量和维生素含量也都优于黑白花牛奶和人乳,铁和维生素 A 的含量分别是黑白花牛奶的约 80 倍和 40 倍,并被认为是最好的补钙、补磷食品之一。

【职业能力测试】

一、填空题

1.我国引进的摩拉牛和尼里-拉菲牛原产国分别是_____、_____。

2.乳用水牛的围产期是指产前_____ d 到产后_____ d。

3.母水牛产犊后_____ d 左右,要经常仔细观察母水牛是否发情,以便及时配种。

4.乳用水牛的泌乳期一般为_____ d 左右。

二、判断题

(　　)1.目前,乳用水牛已经培育成一个新的品种。

(　　)2.水牛产奶量要比黑白花牛高。

(　　)3.乳用水牛的泌乳盛期,是从产后 15～60 d。

(　　)4.乳用水牛可以不用干乳期。

(　　)5.水牛奶营养比黑白花牛奶营养更丰富。

三、问答题

1.简述乳用水牛泌乳期各阶段的生理特点。

2.简述乳用水牛围产期的饲养管理。

Project **6**

项目六

牛、羊养殖场建设

➤ **学习目标**

1. 了解牛场、羊场选址和规划布局的要求。

2. 掌握牛舍的建筑形式、结构和建造技术。

3. 掌握羊舍的建筑形式、结构和建造技术。

任务一　牛、羊养殖场场址选择和规划

【学习任务】

1.掌握牛羊养殖场场址选择的相关要求和知识。

2.学会对场址进行评价、规划和布局。

【必备知识】

牛羊养殖场场址选择应根据生产特点,将农牧业发展规划、农田基本建设规划以及今后养殖场的发展等因素结合起来,进行统筹安排和长远规划。牛场选址需注意地势和地形、饲草饲料来源、土质和水源、气候条件、养殖场与社会联系等因素。

养殖场按功能分为4个区:即职工生活区、管理区、生产区、隔离区。牛场场区规划应本着因地制宜和科学饲养的要求,合理布局,考虑地势和主导风向进行合理布局。

【实践案例】

选择一个场地进行牛场或羊场建设,并进行规划布局。

【制订方案】

完成本任务的工作方案见表6-1。

表 6-1　完成本任务的工作方案

步骤	内　容
步骤一	了解牛场、羊场场址选择和规划布局的相关知识
步骤二	根据本场地的对照条件进行评价、规划和布局

【实施过程】

步骤一、了解牛场、羊场场址选择和规划布局的相关知识

▶ **一、牛羊养殖场场址选择的考虑因素**

(1)地势和地形　要选择在地势高燥、背风向阳、地下水位2 m以下,具有缓坡的北高南低、总体平坦的地方。地形要开阔整齐,方形最为理想,避免狭长或多边形。

(2)饲草饲料来源　应选择牧地广阔,牧草种类多、品质好的场地。牛场附近有每头牛0.13～0.2 hm² 及以上可种牧草的土地,以弥补天然饲草的不足。

(3)土质和水源　土质以沙壤土最理想,沙土较适宜,黏土最不宜。牛场要有充足的符合卫生要求的水源,保证生产、生活及人畜饮水。

(4)气候条件　要综合考虑当地的气候因素,如温度、湿度、年降雨量、主风向、风力等,

以选择有利地势。

（5）社会联系　牛场应便于防疫,距村庄居民点 500 m 下风处,距交通主干道 500 m,距化工厂、畜产品加工厂等 1 500 m 以外,且尽量避免周围有养殖场,交通供电方便,利于与外界联系。

二、牛场规划布局的原则

牛场按功能分为 4 个区:即职工生活区、管理区、生产区、隔离区。牛场场区规划应考虑地势和主导风向进行合理布局(图 6-1)。

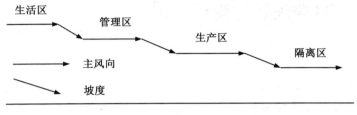

图 6-1　牛场规划布局图

（1）职工生活区　应在全场上风向和地势较高的地段,与生产区保持 100 m 以上距离。

（2）管理区　包括经营管理、产品加工销售有关的建筑物,应位于牛场大门口。汽车库、饲料库以及其他仓库也应设在管理区。管理区与生产区应隔离,保持 50 m 以上距离。

（3）生产区　生产区是牛场的核心,应根据牛的特点,进行分牛舍饲养,牛舍前应设置运动场。与饲料运输有关的建筑物,原则上应规划在地势较高处,并保证防疫安全。

（4）隔离区　包括粪尿污水处理、病畜管理区,设在生产区下风向地势低处,与生产区保持 300 m 间距。

步骤二、根据本场地的对照条件进行评价、规划和布局

1.根据提供的场地,对照场址选择要求,进行综合评价。

2.对评价符合要求的场地按要求进行养殖场规划布局。

【职业能力测试】

一、填空题

1.牛场按功能分为 4 个区:即_____、_____、_____、_____。

2.养殖场生产区与隔离区应保持_____ m 间距。

二、选择题

1.考虑交通和防疫因素,牛场距离交通主干道_____左右为宜。

A.100 m　　　　　　B.300 m　　　　　　C.500 m　　　　　　D.1 000 m

2.应该在牛场下风向,地势最低处的是_____。

A.职工生活区　　　　B.管理区　　　　　　C.生产区　　　　　　D.隔离区

3.隔离区应与生产区保持_____间距。

A.50 m　　　　　　B.100 m　　　　　　C.200 m　　　　　　D.300 m

三、判断题

(   )1.牛场选址只要考虑生产需要,而不用考虑农牧业发展规划的需要。

(   )2.牛场土质以黏土为最佳。

(   )3.生活区应在牛场上风向地势较高处。

(   )4.牛场管理区应在生产区内。

四、问答题

1.牛场选址要考虑哪些因素?

2.牛羊养殖场规划布局有哪些要求?

任务二   牛舍设计与建设

【学习任务】

1.了解牛舍的建筑形式和结构。

2.掌握牛舍的设计建造技术。

【必备知识】

适宜的环境是提高牛生产性能的重要因素。修建牛舍应秉持冬季防寒保暖,夏季防暑降温的原则。按国内常用的建筑形式,畜舍墙壁可分为开敞式、半开敞式、封闭有窗式和塑料暖棚式等几种形式。

(1)开敞式   这种畜舍四面无墙或在背面有墙,依靠立柱设顶棚,顶棚多为双坡式。开敞式畜舍采光好,空气流通好,造价低廉,但舍内温度、湿度不易控制。开敞式畜舍多用于气候温和的南方地区(图 6-2)。

(2)半开敞式   这种畜舍北面及东西两侧有墙和门窗,南面有半堵围墙,开敞式牛舍有 1/2～2/3 顶棚,夏季要敞开部分顶棚,以利于散热,冬季敞开部分可以采光,但要制作塑料暖棚加强保温。半开敞式牛舍多用于北方地区。

(3)封闭有窗式   这种畜舍四面都有墙和门窗,顶棚全部覆盖,可以防止冬季寒风的侵袭(图 6-3)。这样的畜舍造价高,但寿命长,有利于冬春季节的防寒保暖,但在炎热的夏季必须注意开窗通风和防暑降温。封闭有窗式畜舍多用于产房或北方寒冷地区。

图 6-2   开敞式牛舍

图 6-3   封闭有窗式牛舍

（4）塑料暖棚式　我国北方地区大多数地区冬季寒冷漫长，不利于牛、羊的繁殖、生长和育肥。采用封闭有窗式畜舍虽然效果好，但造价高，投资大。因此，冬季将开敞式或半开敞式畜舍用塑料薄膜封闭敞开部分，利用阳光热能和牛、羊自身散发的热量提高畜舍温度，实行塑料暖棚不失为一个好方法。

【实践案例】

根据实际条件，设计一个符合本地条件的牛舍。

【制订方案】

完成本任务的工作方案，见表6-2。

表6-2　完成本任务的工作方案

步骤	内容
步骤一	了解牛舍设计的基本要求
步骤二	按照要求设计出适用的牛舍、羊舍，画出平面图、立面图

【实施过程】

步骤一、了解牛舍设计的基本要求

牛舍可采用砖混结构或轻钢结构，棚舍可采用钢管支柱结构。

（1）地面和基础　牛舍的地面要求致密坚实，除槽道应光滑外，其他地面均应粗糙，以防牛只滑倒。地面要求既温暖有弹性，又易清洗消毒，一般用 $10\sim20$ cm 厚的水泥地面。牛舍的基础应有足够强度和稳定性，防止下沉和不均匀下陷使建筑物发生裂缝和倾斜。

（2）墙壁和门窗　牛舍墙壁要求坚固结实、抗震、防水、防火，具有良好的保温、隔热性能，便于清洗和消毒，多采用砖墙。半开敞式和封闭有窗式牛舍还必须设置门窗。门的设置要符合生产工艺要求，其大小为：泌乳牛门宽 $1.8\sim2.0$ m，高 $2.0\sim2.2$ m；犊牛门宽 $1.4\sim1.6$ m，高 $2.0\sim2.2$ m。窗的大小和数量要符合通风透光的要求，一般窗户宽 $1.5\sim2.0$ m，高 $2.2\sim2.4$ m，窗台距地面 1.2 m。窗户面积与舍内地面面积之比，成年牛 $1:12$，小牛 $1:(10\sim14)$。

（3）屋顶　牛舍屋顶要求质轻、坚固结实、防水、防火、保温、隔热，能抵抗雨雪、强风等外力影响。牛舍屋顶常见形式有双坡式、钟楼式、半钟楼式等，屋顶高度可视各地最高温度和最低温度而定。

（4）运动场　在每栋牛舍南面应设置运动场，大小以牛的数量而定。每头占用面积，成年牛为 $15\sim20$ m²，育成牛 $10\sim15$ m²，犊牛为 $5\sim10$ m²。运动场围栏要结实，高度为 1.5 m。运动场内要设置饮水槽和凉棚。

（5）牛舍内设施要求　牛床长 170 cm，宽 110 cm，地面应结实、防滑，易于冲刷，并向粪沟作 $2°$ 倾斜。粪沟宽 $25\sim30$ cm，深 $10\sim15$ cm，并向贮粪池一端倾斜 $2°\sim3°$。采用双列式牛床，机械化喂料，喂料通道位于两槽之间，宽度 $2.5\sim2.6$ m。饲槽设在牛床前面，为方便喂料，采用地面平槽，槽内表面应光滑、耐用。两侧清粪沟分别宽 150 cm，向排污沟倾斜。

运动场设在牛舍的南面,面积按每头牛 6~8 m² 设计。运动场地面以三合土为宜,并向排污沟一侧有一定坡度(3°~5°)倾斜。

步骤二、按照要求设计出适用的牛舍、羊舍,画出平面图、立面图

根据所学理论,画出一栋存栏量为 100 头肉牛的牛舍,要求画出平面图、立面图。

【知识拓展】

● 牛场其他设施建设技术

(1)饲料存储间　青贮窖(池)按每头每日 20 kg 青贮,每立方米青贮 500~600 kg 设计容量,每个青贮池每年可周转 3 次。粗饲料按每头每日需要粗饲料 4~6 kg 计算。精饲料应有专门的贮存库,精饲料需要量按每头每日需要体重的 1%~1.5% 计算,存栏 150 头牛 15 d 的饲料储备量约为 12 000 kg,加上加工间,占地约 150 m²。

(2)消防设施　应配备消防设施,采取经济合理、安全可靠的消防措施。消防通道可利用场内道路,紧急情况时能与场外公路相通。采用生产、生活、消防合一的供水系统。

(3)卫生防疫设施　牛场四周建有围墙、防疫沟,并有绿化隔离带,牛场大门和后门入口处设车辆强制消毒设施。生产区应与生活管理区严格隔离,在生产区入口处设人员更衣消毒室,在牛舍入口处设地面消毒池。

(4)环境保护设施　新建牛场必须进行环境评估。按照 NY/T 1167—2006《畜禽场环境质量及卫生控制规范》的要求,确保牛场不污染周围环境,周围环境也不污染牛场环境。采用污染物减量化、无害化、资源化处理的生产工艺和设备。新建牛场必须同步建设相应的粪便和污水处理设施。固体粪污以高温堆肥处理为主,处理后符合国家规定方可运出场外。污水也必须经无害化处理后才可排放。

场区绿化应结合场区与牛场之间的隔离、遮阴及防风需要进行。可根据当地实际种植能美化环境、净化空气的树种和花草,不宜种植有毒、有刺、飞絮的植物。

牛羊生产

【职业能力测试】

一、填空题

1.按常用的建筑形式或牛舍墙壁,牛舍可分为 _____ 、_____ 、_____ 和塑料暖棚式等几种形式。

2.牛舍屋顶常见形式有 _____ 、_____ 、_____ 等。

二、选择题

1.下列哪种牛舍散热效果最好?(　　)

A.开敞式　　　　B.半开敞式　　　　C.封闭有窗式　　　　D.塑料暖棚式

2.下列哪种牛舍适用于我国北方地区?(　　)

A.开敞式　　　　B.半开敞式　　　　C.封闭有窗式　　　　D.塑料暖棚式

3.我国南方地区采用以下哪种牛舍形式较好?(　　)

A.封闭有窗式　　　B.塑料暖棚式　　　C.开敞式　　　　D.半开敞式

三、问答题

牛舍设计有哪些要求?

【学习任务】

1. 了解羊舍的设计建造的形式和结构。
2. 掌握羊舍的建设方法。

【必备知识】

适宜的环境是提高羊只生产性能的重要因素。修建羊舍应秉持冬季防寒保暖、夏季防暑降温的原则。

一、羊舍的一般要求

(1)舍外环境　要避风向阳、水源充足、地势高燥、排水良好、交通方便而有利于防疫。

(2)舍内环境　地面干燥、光线充足、通风良好、清洁卫生。温度 $10\sim20℃$,相对湿度 $70\%\sim80\%$,氨气含量不超过 $19\ g/m^3$。

(3)羊只占舍面积　成年母羊 $1.5\ m^2$,青年母羊 $0.8\ m^2$,羔羊 $0.3\ m^2$,公羊 $2\ m^2$,公羊单圈饲养者为 $4\sim6\ m^2$,运动场面积为羊舍面积的 $2\sim3$ 倍。

(4)舍内地面坡度　羊舍地面坡度以 $1°\sim2°$ 为宜,采光系数 $1:13$。

二、羊舍类型

(1)公羊舍和青年羊舍　一般采用双坡敞开式,饲槽为单列式。单列式小间适于饲养公羊,大间适于饲养青年羊。在南方,高温高湿对山羊会引起极大的不适,发病率高,生产性能受到抑制。羊舍建设需能排除高温高湿、暴雨和强风的干扰和袭击。羊舍南北全部敞开或北部敞开,运动场设在北面,饲槽设在南面。

(2)成年母羊舍　成年母羊舍可建成双坡双列式。在南方,一面敞开,一面设大窗户;在北方,南面设大窗户,北面设小窗户。舍外设带有凉棚和饲槽的运动场。舍内设有饲槽和栏杆。整个羊舍实行人工通风。

(3)羔羊舍　羔羊舍采用保暖式,若为平房,其房顶、墙壁应有隔热层,材料可用锯末、刨花、石棉、玻璃纤维、膨胀聚苯乙烯等。羊舍屋顶和正面两侧墙壁下部设通风孔,房的两侧墙壁上部设通风扇。室内设饲槽和喂奶间,运动场以土地面为宜,中部建运动台或假山。

【实践案例】

根据实际条件,设计一个适合南方地区的羊舍。

【制订方案】

完成本任务的工作方案,见表6-3。

表 6-3　完成本任务的工作方案

步骤	内容
步骤一	了解羊舍设计的基本要求
步骤二	按照要求设计出适用羊舍,画出平面图、立面图

【实施过程】

步骤一、了解羊舍设计的基本要求

一、羊舍设计的基本要求

(1)羊舍建筑面积　羊舍应有足够的面积(表6-4),使羊在舍内可以自由活动,以舍饲为主的羊舍还必须有足够的运动场。若面积过小,会使舍内潮湿、污脏、空气不良,影响羊只健康;面积过大造成浪费,也不利于保暖。

表 6-4　不同羊只对羊舍面积要求

羊只种类	面积/(m²/只)	羊只种类	面积/(m²/只)
春季产羔母羊	1.1~1.6	羯羊、育成公羊	0.7~0.9
冬季产羔母羊	2.0~2.3	育成母羊	0.7~0.8
种公羊	4.0~6.0	去势羔羊	0.6~0.8
一般公羊	1.8~3.0	3~4月龄羔羊	占母羊面积的20%

(2)羊舍形式　南方一般采用楼式羊舍(图6-4)。楼面距地面1.8~2 m,楼板多以木条、竹片铺设,间隙1~1.5 cm,粪、尿可从间隙漏下。夏秋季节气候炎热、多雨、潮湿,楼上通风、凉爽、防热、防潮。

1.正面　2.背面

图 6-4　楼式羊舍

牛羊生产

（3）高度　根据羊舍类型及所容羊数决定，羊数愈多，羊舍可适当高些，以保证有足够的空间。南方地区羊舍楼面到屋檐高度2.8～3 m，北方地区2.4～2.6 m。

（4）门窗　一般门宽0.8～1.5 m，高1.8～2 m，设双扇门。窗户向阳，有效透光面积应占羊舍地面面积的1/15～1/20，距地面高1.5 m以上，一般宽1～1.2 m，高0.7～0.9 m。

（5）屋顶　应具有防雨水和保温隔热的作用。屋顶的材料可用石棉瓦、木板、塑料薄膜、油毡等。

（6）地面　要求干燥、平整、保暖、卫生。以土地面为宜，若为楼式羊舍，地面用平整的木条铺设（图6-5）。木条必须结实，厚薄一致，条间间隙1～1.5 cm，可以漏下粪、尿。楼台与地面距离1.5～2.0 cm，便于清粪。

图6-5　楼式羊舍的漏缝地板

步骤二、按照要求设计出适用的羊舍，画出平面图，立面图

设计出一栋存栏量为200只的楼式羊舍，画出羊舍平面图和立面图。

【知识拓展】

● 羊场其他设施建设技术

（1）饲槽　饲槽可用砖和水泥砌成，也可用木料制成。水泥饲槽一般靠羊的一面设有栏杆，木饲槽可单独放置在栏杆之外。成年母羊的饲槽，高40 cm，深15 cm，上部宽45 cm，下部宽30 cm。羔羊饲槽一般高30 cm，深15 cm，上部宽40 cm，下部宽25 cm。为了减少饲料的污染和干草的浪费，可采用干草架（图6-6）。

图6-6　干草架

（2）栏杆与颈夹　羊舍内的栏杆材料可用木料，也可用钢筋，形状多样。公羊栏杆高1.2～1.3 m，母羊1.1～1.2 m，羔羊1 m。靠饲槽部分的栏杆，每隔30～50 cm的距离，要留一个羊头能伸出去的空隙。该空隙上宽下窄，母羊上部宽为15 cm，下部宽为10 cm；公羊为19 cm与14 cm；羔羊为12 cm与7 cm。每10～30只羊可安装一个颈夹，以防止羊只在喂料时抢食且有利于打针、修蹄、检查羊只时保定，颈夹可上下移动，也可左右移动。

（3）哺乳设备　人工哺乳，可用奶瓶、搪瓷碗、奶壶等给羔羊哺乳，大型羊场可安装带有多个乳头的哺乳器。国外大型羊场已有自动化的哺乳器，可自动供奶，自动调温，自动哺乳。

（4）饮水设备　一般羊场可用水桶、水缸、水槽给羊饮水，大型集约化羊场可用饮水器，以防止致病微生物污染水源。

（5）分娩栏　为了充分利用羊舍面积，可以安装活动分娩栏，在产羔期间安装使用，产羔期过后卸掉。每100只成年母羊应设8～14个分娩栏，每个面积为34 m^2。

一、填空题

1.羊舍可分为_____ 、_____ 、_____等几种形式。

2.羊的饲槽主要材料有_____ 和_____ 。

3.每只成年羊羊舍面积要求约为_____ m^2。

二、选择题

1.下列哪种羊舍散热效果最好？

A.开敞式   B.半开敞式   C.封闭有窗式   D.塑料暖棚式

2.下列哪种羊舍适用于我国北方地区？_____

A.开敞式   B.半开敞式   C.封闭有窗式   D.塑料暖棚式

3.我国南方采用以下哪种羊舍形式较好？_____

A.封闭有窗式   B.塑料暖棚式   C.楼式   D.砖拱式

三、问答题

羊舍设计有哪些要求？

牛羊生产

项目七

羊 的 品 种

【学习任务】

　　1.了解绵羊的品种分类。

　　2.掌握不同绵羊品种的原产地、特点。

【必备知识】

　　羊在动物学分类中可分为2个种,分别是绵羊和山羊。我国绵羊分布呈自南到北,从无到有,从少到多的特点。

　　通常根据绵羊主要产品及经济用途,将绵羊分为细毛羊、半细毛羊、粗毛羊、肉用羊、羔皮羊和裘皮羊等类型。每个类型中又包括许多不同品种。

　　1.细毛羊

　　这类羊的共同点是主要生产同质细毛,全身白色,被毛是由同一类型的细毛纤维组成,被毛呈毛丛结构。毛纤维细度60支以上,毛丛长度要求7 cm以上。绝大部分细毛羊品种的公羊,有发达的螺旋形角,母羊无角,公羊颈部有1～2个横皱褶,母羊有纵皱褶。

　　细毛羊根据其生产毛、肉的主次不同,又分为毛用细毛羊、毛肉兼用细毛羊和肉毛兼用细毛羊等3个类型。

　　(1)毛用细毛羊　澳洲美利奴羊、中国美利奴羊。

　　(2)毛肉兼用细毛羊　新疆毛肉兼用细毛羊、东北毛肉兼用细毛羊、内蒙古毛肉兼用细毛羊等。

　　(3)肉毛兼用细毛羊　德国美利奴羊、泊力考斯羊等。

　　2.半细毛羊

　　这类羊的共同点是生产同质半细毛,毛纤维细度在32～58支,直径为25.1～67.0 μm,毛长度要求9 cm以上。半细毛羊根据其生产毛、肉的主次,又分为肉毛兼用型和毛肉兼用型2大类。例如:

　　(1)肉毛兼用半细毛羊　罗姆尼羊、考力代羊等。

　　(2)毛肉兼用半细毛羊　青海半细毛羊、茨盖羊等。

　　3.粗毛羊

　　粗毛羊的共同点是被毛不同质,由粗毛、绒毛、两型毛及死毛等几种不同类型的毛纤维组成,因而被毛细度、长度及毛色不一致,肉脂、皮毛综合利用。其特点是抗逆性强,对当地的自然环境条件具有很强的适应能力。例如,蒙古羊、哈萨克羊、西藏羊等。

　　4.肉用羊

　　肉用羊是以产肉为主,其他产品为辅。我国的阿勒泰羊、乌珠穆沁羊、寒羊、兰州大尾羊是以产肉脂为主的地方良种。国外有许多早熟肉用品种,如夏洛来肉用羊、道赛特羊、萨福克羊、林肯羊等。

　　5.羔皮羊

　　羔皮羊是专门生产羔皮的品种,其毛皮的毛卷、图案美观,经济值很高,是羔皮大衣、皮帽、衣领的高级原料。例如,卡拉库尔羊、湖羊等。

6. 裘皮羊

裘皮羊是以生产裘皮为主的品种,其皮板轻薄柔软,毛穗美观洁白,光泽好,毛皮具有保暖、轻便、结实和不毡结等优点。例如,宁夏回族自治区的滩羊,是我国独特的裘皮品种。

【实践案例】

作为羊场技术员,请结合本地条件,从不同品种中选出符合条件的绵羊品种。

【制订方案】

完成本任务的工作方案见表7-1。

表 7-1　完成本任务的工作方案

步骤	内容
步骤一	了解生产中常见绵羊品种的外貌特征、生产性能、品种特点和应用
步骤二	根据本场地的性质、规模、生产条件及技术水平合理选择绵羊品种

【实施过程】

步骤一、了解生产中常见绵羊品种的外貌特征、生产性能、品种特点和应用

一、我国绵羊品种

我国幅员辽阔,绵羊品种资源十分丰富。目前已列入国家品种志的绵羊品种有30个。

(1)中国美利奴羊　中国美利奴羊,简称中美羊,在1972—1985年育成。主要是用澳洲美利奴公羊与波尔华斯母羊杂交,在新疆地区还选用了部分新疆细毛羊和军垦细毛羊的母羊参与杂交育种。

外貌特征:体质结实,体躯呈长方形。头毛密、长而着生至两眼连线,耆甲宽平,胸宽深,背平直,尻宽平,后躯丰满。四肢有力,肢势端正。公羊有螺旋形角,少数无角,母羊无角。公羊颈部有1～2个横皱褶,母羊有发达的纵皱褶。公母羊体躯均无明显的皱褶(图7-1)。

生产性能:成年公羊污毛产量17.37 kg,净毛率为59%,剪毛后体重91.8 kg;成年母羊污毛产量6.4～7.2 kg,体侧部毛净毛率为60.84%,剪毛后体重40～45 kg。

图 7-1　中国美利奴羊

(2)东北毛肉兼用细毛羊　简称东北细毛羊。产于我国东北三省,内蒙古、河北等华北地区也有分布。东北细毛羊是用苏联美利奴、高加索、斯达夫洛波、阿斯卡尼和新疆等细毛公羊与当地杂种母羊育成杂交,经多年培育,严格选择,加强饲养管理,于1967年培育而成。

外貌特征：体质结实，体型大，体形匀称。体躯无皱褶，皮肤宽松，胸宽紧，背平直，体躯长，后躯丰满，肢势端正。公羊有螺旋形角，颈部有1～2个完全或不完全的横皱褶。母羊无角，颈部有发达的纵皱褶（图7-2）。

图 7-2 东北毛肉兼用细毛羊

生产性能：成年公羊剪毛后体重 99.31 kg，成年母羊为 50.62 kg。成年公羊剪毛量 14.59 kg，成年母羊 5.69 kg。成年公羊毛长 9.1 cm，成年母羊 7.06 cm。净毛率为 30.27%～38.26%。屠宰率 48%。净肉率 34%。产羔率 124.2%。

东北细毛羊善游走，耐粗饲，抗寒暑，采食力较强。引进各地的羊适应能力良好，但有净毛率偏低和体型外貌欠整齐等不足之处，需要进一步加强选育。

（3）蒙古羊 我国三大粗毛羊品种之一，是我国分布最广的一个绵羊品种。原产于蒙古高原，除主要分布在内蒙古自治区之外，还广泛分布于华北、东北、华中和西北等地，是我国数量最多的绵羊品种。

外貌特征：蒙古羊分布地域广，由于各地自然、经济条件的差异，蒙古羊的体格大小和体型外貌也有所差异。但其基本特点是：体质结实，骨骼健壮，头中等大小，鼻梁稍隆起，公羊有螺旋形角，母羊无角或有小角，耳稍大、半下垂，脂尾较大，呈椭圆形，尾中有纵沟，尾尖细小呈"S"状弯曲。胸深，背腰平直，四肢健壮有力，善于游牧。体躯被毛白色，头、颈、四肢部黑、褐色的个体居多。被毛异质，有髓毛多（图7-3）。

图 7-3 蒙古羊

生产性能:蒙古羊耐粗放,抗逆性强,适合常年放牧饲养,抓膘能力强,饲养成本低。蒙古羊体重,因地而异,饲养在内蒙古呼伦贝尔草原和锡林郭勒草原的蒙古羊体尺、体重较其他地区的大,成年公羊平均体重 69.7 kg,母羊 54.2 kg;甘肃河西地区的成年公羊体重 47.4 kg,母羊 35.5 kg,羯羊屠宰率50%以上,母羊产羔率为103%。

(4)滩羊　滩羊是我国独特的裘皮品种,主要产于宁夏贺兰山东麓的银川市附近各县。与宁夏毗邻的陕西、甘肃、内蒙古西南部也有滩羊分布。

外貌特征:体格中等大小,体躯较窄长,公羊有螺旋形角,母羊无角或有小角,体躯被毛白色,部分个体头部有黑、褐色斑。四肢较短,尾长下垂,尾根部宽,尖部细圆至飞节以下(图7-4)。

图 7-4　滩羊

生产性能:春季成年公羊平均体重 47.0 kg,母羊 35.0 kg。滩羊二毛裘皮,主要是指羔羊出生后 1 个月龄左右时宰杀所剥取的毛皮,是滩羊的主要产品。二毛裘皮毛股紧实,8～9 cm 长,有波浪形小弯曲,毛穗美观,光泽悦目,色泽洁白,具有轻便、保暖、结实和不毡结等特点。

滩羊被毛中两型毛占 43.3%,细度为 33.79 μm;绒毛占 37.1%,细度为 19.49 μm;有髓毛占 19.6%,细度为 44.8 μm。成年公羊毛长 8.0～15.5 cm,母羊毛长 8.5～14.0 cm。每年春秋各剪一次毛,全年剪毛量公羊 1.6～2.2 kg,母羊 0.7～2.0 kg。成年羯羊屠宰率为45%,母羊产羔率为101%～103%。

(5)湖羊　湖羊主要产于浙江省西部嘉兴、桐乡、吴兴、德清等地和江苏省南部的常熟、吴江、沙州等地。湖羊是我国特有的羔皮用绵羊品种,也是目前世界上少有的白色羔皮品种。

外貌特征:湖羊头形狭长,鼻梁隆起,耳大下垂,公、母羊均无角,肩胸不够发达,背腰平直,后躯略高,体躯呈扁长形,全身被毛白色,四肢较细长(图7-5)。

生产性能:成年公羊体重 48.6 kg,母羊 36.5 kg;剪毛量公羊 2.0 kg,母羊 1.2 kg,被毛异质,主要由有髓毛和绒毛组成,两型毛少。产肉性能一般,屠宰率为 40%～50%。湖羊繁殖率高,母羊四季发情,可以二年三产,每胎 2 羔以上,产羔率平均 230%。

羔羊出生后 1～2 d 内宰杀剥取羔皮。湖羊羔皮洁白光润,皮板轻柔,有波浪形花纹,毛卷紧贴皮板,坚实不散。羔皮在国内外市场上享有很高声誉,有"软宝石"之称。

图 7-5　湖羊

湖羊对产区的潮湿、多雨气候和常年舍饲的饲养管理方式适应性强。

（6）乌珠穆沁羊　乌珠穆沁羊是我国著名的肉用型粗毛羊品种，主要分布在内蒙古锡林郭勒盟东乌珠穆沁旗和西乌珠穆沁旗以及周边地区。

外貌特征：乌珠穆沁羊头中等大小，鼻梁微隆起，耳稍大，公羊多数有螺旋形角，母羊一般无角。乌珠穆沁羊体格大，体质结实，体躯深长，胸宽深，肋骨拱圆，背腰宽平，后躯发育较好，尾大而厚，四肢端正有力。头部以黑、褐色居多，体躯白色，被毛异质、死毛多（图 7-6）。

图 7-6　乌珠穆沁羊

生产性能：乌珠穆沁羊以体大肉多、生长发育快、肉质鲜美和无膻味而著称，乌珠穆沁羊还具有多肋骨、多腰椎的解剖学特点。成年公羊平均体重 84.9 kg，成年母羊 68.5 kg，成年羯羊屠宰率达 55.9%。6 月龄公羔体重达 39.6 kg，母羔 35.9 kg，平均日增重达 200～250 g。乌珠穆沁羊抗逆性强，遗传性稳定，母羊产羔率为 102%。

（7）小尾寒羊　小尾寒羊是我国地方优良品种之一，属于肉脂兼用型短脂尾羊，主要分布在气候温和、雨量较多、饲料丰富的黄河中下游农业区。河北省南部的沧州、邢台，山东省西部的菏泽、济宁以及河南省新乡、开封等地分布较多。

外貌特征：鼻梁隆起，耳大下垂，公羊有螺旋形角，母羊有小角或无角。公羊前胸较深，耆甲高，背腰平直，体格高大，四肢较高、健壮。母羊体躯略呈扁形，乳房较大。被毛多为白色，少数个体头、四肢部有黑、褐色斑。被毛异质，主要由绒毛、两型毛组成，死毛少。尾呈椭圆形,下端有纵沟,尾长至飞节以上(图7-7)。

图 7-7　小尾寒羊

生产性能:小尾寒羊生长发育快,肉用性能好,早熟,多胎,繁殖率高。周岁公羊平均体重 60.8 kg,母羊 41.3 kg;成年公羊体重 94.1 kg,母羊 48.7 kg;3 月龄断奶公羔体重达 20.8 kg,母羔 17.2 kg。小尾寒羊性成熟早,5～6 月龄开始发情,母羊常年发情,可以两年三产,一胎多羔。经产母羊产羔率达 270%。

◆ 二、引进肉用绵羊品种

(1)澳洲美利奴羊　澳洲美利奴羊是世界上最著名的细毛羊品种,从 1788 年开始,经过一百多年有计划的育种工作和闭锁繁育,培育而成。

外貌特征:澳洲美利奴羊体型近似长方形,腿短,体宽,背部平直,后躯肌肉丰满,公羊颈部有 1～3 个发育完全或不完全的横皱褶,母羊有发达的纵皱褶。该品种羊的毛被、毛丛结构良好,毛密度大,细度均匀,油汗白色,弯曲均匀、整齐而明显,光泽良好。羊毛覆盖头部至两眼连线,前肢至腕关节或以下,后肢至飞节或以下(图7-8)。

根据其体重、羊毛长度和细度等指标的不同,澳洲美利奴羊分为超细型、细毛型、中毛型和强毛型 4 种类型,而在中毛型和强毛型中又分为有角系与无角系 2 种。

图 7-8　澳洲美利奴羊

我国从 1972 年以来,先后多次引进澳洲美利奴羊,用于新疆细毛羊、东北细毛羊、内蒙古细毛羊品种的导血杂交和中国美利奴羊的杂交育种之中,对于改进我国细毛羊的羊毛品质和提高净毛产量方面起到重要作用,取得了良好效果。

(2)无角陶赛特羊　无角陶赛特羊产于澳大利亚和新西兰。该品种是用考力代羊为父本,以雷兰羊和英国有角陶赛特羊为母本进行杂交繁育而成。无角陶赛特羊是肉用品种,又能生产半细毛。

外貌特征：全身被毛白色，成熟早，羔羊生长发育快，母羊产羔率高，母性强，能常年发情配种，适应性强。公、母羊均无角，颈粗短，胸宽深，背腰平直，躯体呈圆桶状，四肢粗壮，后躯丰满，肉用体型明显(图7-9)。

生产性能：成年公羊体重85～115 kg，母羊55～80 kg。毛长6.0～8.0 cm，毛细度50～56支，剪毛量2.5～3.5 kg，净毛率55%～60%。产肉性能高，胴体品质好。2月龄羔羊平均日增重公羔392 g，母羔340 g。4月龄羔羊胴体重可达20～24 kg，屠宰率50%以上。母羊产羔率为130%～140%，高者达170%。

无角陶赛特羊是澳大利亚、新西兰和欧美许多国家公认的优良肉用品种，是生产肥羔的理想父本品种。20世纪80年代以来，新疆、内蒙古地区有关单位和中国农业科学院畜牧研究所，先后从澳大利亚引入无角陶赛特羊，这些羊除进行纯种繁殖外，用来与当地蒙古羊、哈萨克羊和小尾寒羊杂交，杂种后代产肉性能得到显著提高，适应性和杂交改良效果较好。

(3)夏洛来羊　夏洛来肉羊原产于法国，1974年正式命名。夏洛来肉羊具有成熟早、繁殖力强、泌乳多、羔羊生长发育迅速、胴体品质好、瘦肉多、脂肪少、屠宰率高、适应性强等特点。夏洛来羊是生产肥羔的理想肉羊品种。

外貌特征：公、母羊均无角，耳修长，并向斜前方直立，头面部无覆盖毛，皮肤粉红或灰色，有的个体唇端或耳缘有黑斑。颈短粗，肩宽平，体长而圆，胸宽深，背腰宽平，全身肌肉丰满，后躯发育良好，两后肢间距宽，呈倒挂"U"字形，四肢健壮，肢势端正，肉用体型好。全身白色，被毛同质(图7-10)。

图7-9　无角陶赛特羊

图7-10　夏洛来羊

生产性能：成年公羊体重100～140 kg，母羊75～95 kg。4月龄羔羊胴体重达20～22 kg。屠宰率55%以上。夏洛来羊性成熟早，6～7个月龄母羔可配种，公羊9～12月龄可采精。产羔率初产母羊为135%，经产母羊为182%。被毛平均长度7.0 cm，细度50～58支，产毛3.0～4.0 kg。

20世纪80年代以来，内蒙古、河北、河南等省(自治区)，先后数批引入夏洛来羊。实践证明，夏洛来羊在我国许多地区表现出良好的适应性和生产性能。根据饲养观察，夏洛来羊采食力强，不挑食，易于适应变化的饲养条件。除进行纯种繁殖外，也用来杂交改良当地绵羊品种。杂交改良效果显著，杂种后代产肉性能得到大幅度提高。

(4)萨福克羊　萨福克羊原产于英国，于1859年育成，属于肉用短毛品种。

外貌特征：萨福克羊公、母羊均无角，头、面部、耳和四肢下端黑色，体躯被毛白色，含少量有色纤维。头较长，耳大，颈短粗，胸宽，背腰和臀部长、宽而平，肌肉丰满，后躯发育好，四肢粗壮结实（图7-11）。

图 7-11　萨福克羊

生产性能：萨福克羊早熟，生长发育快，产肉性能好，母羊母性强，繁殖力较强。成年公羊体重100～110 kg，母羊 60～70 kg。4 月龄公羔胴体重达 24.2 kg，母羔 19.7 kg。肉嫩、脂少。成年羊毛长度 7.0～8.0 cm，细度 56～58 支，剪毛量 3.0～4.0 kg，产羔率 130%～140%。英国、美国在生产肥羔中用萨福克羊作为杂交终端父本。为了克服萨福克羊被毛中含有黑色纤维和皮肤上有黑斑点的缺点，澳大利亚新南威尔士大学已培育出白萨福克羊品种。

我国新疆和内蒙古及中国农业科学院畜牧研究所在 20 世纪 80 年代和 90 年代初从澳大利亚引入萨福克羊，除用于纯种繁育外，还用于地方绵羊的杂交改良，发展肉羊生产。

步骤二、根据本场地的性质、规模、生产条件及技术水平合理选择绵羊品种

分析当地的场地性质、规模、生产条件及技术水平，从以上介绍的几个绵羊品种中选出适合当地特点的绵羊品种进行饲养。

【知识拓展】

● 了解羊的产品

（1）羊毛　羊毛是养羊业的主要产品之一，是毛纺工业的重要原料。羊毛的产量和质量关系到养羊生产的经济效益和纺织业的发展。因此，了解和掌握羊毛的基本知识，有助于在养羊生产中提高羊毛的产量和品质，增加养羊收入。

（2）山羊绒　山羊绒是指从绒山羊次级毛囊里梳理下来的原绒，其中含有少量的短散粗毛，在收购和包装时，一定要按照绒的颜色、粗毛含量、质量不同分别打包，以实现质优价优的要求。长的纤细而柔软的无髓毛纤维，直径在 25 μm 以下。山羊绒在国际市场上又称为开士米。

（3）羊肉　羊肉根据其来源不同可分为两大类，即绵羊肉和山羊肉。再根据羊的年龄的不同，又可分为肥羔肉、当年羔羊肉、大羊肉及老羊肉等。羊肉营养丰富，含有丰富的蛋白质、脂肪、维生素和矿物质，干物质和热能含量也较高。羊肉蛋白质所含氨基酸种类和数量俱全，符合人体营养需要。羊肉的蛋白质含量低于牛肉，高于猪肉；脂肪含量和产热量高于牛肉，低于猪肉。尤其羊肉的胆固醇含量比其他肉类低，是中老年人，尤其是高血压患者的理想动物性食品。

（4）羊皮　羊屠宰后剥下的鲜皮，在未经鞣制以前称为生皮，羊皮可分为毛皮和板皮 2种。带毛鞣制的产品为毛皮，毛没有实用价值的生皮叫板皮，板皮经脱毛鞣制成的产品叫革。一般成年羊生产的皮为板皮，用来制革，专用的绵、山羊品种则生产毛皮。

【职业能力测试】

一、选择题

1. 湖羊原产地是_____。
A. 浙江省　　　　　B. 湖北省　　　　　C. 山东省　　　　　D. 内蒙古自治区

2. 小尾寒羊原产地是_____。
A. 浙江省　　　　　B. 河北省　　　　　C. 山东省　　　　　D. 内蒙古自治区

3. 中国美利奴羊的主要经济用途是_____。
A. 肉用　　　　　　B. 毛用　　　　　　C. 皮用　　　　　　D. 绒用

4. 夏洛来羊的主要经济用途是_____。
A. 肉用　　　　　　B. 毛用　　　　　　C. 皮用　　　　　　D. 绒用

二、判断题

（　　）1. 中国美利奴羊是我国在 1972—1985 年育成的。
（　　）2. 蒙古羊是我国三大粗毛羊品种之一。
（　　）3. 滩羊是我国独特的裘皮品种，主要产于宁夏银川市。
（　　）4. 乌珠穆沁羊是我国著名的肉用型粗毛羊品种，主要分布在内蒙古锡林郭勒盟。
（　　）5. 无角陶赛特羊产于澳大利亚和新西兰。
（　　）6. 萨福克羊原产于英国，于 1859 年育成，属于肉用短毛品种。
（　　）7. 萨福克羊公、母羊均无角。
（　　）8. 夏洛来羊公、母羊均无角，全身白色。

任务二　山羊品种识别

【学习任务】

了解不同的山羊品种特点，根据生产需要正确选择山羊的品种和个体。

【必备知识】

山羊的分布范围较广，品种和品群有 150 多个。由于羊的品种繁多，为了便于人们研究和掌握羊的特性和饲养管理，需要对羊的品种进行分类。

已列入中国国家品种志的山羊品种有 23 个。根据产品的生产方向和经济用途分为 6 个类型：

(1) 肉用山羊　以产肉为主的山羊。如波尔山羊、南江黄羊、马头山羊等。

(2) 奶用山羊　以产奶为主的山羊。如关中奶山羊、崂山奶山羊等。

(3) 绒用山羊　以产绒为主的山羊。如辽宁绒山羊、内蒙古绒山羊等。

(4) 毛用山羊　以产毛为主的山羊。如安哥拉山羊等。

(5) 羔皮用山羊　以生产羔皮为主的山羊。如济宁青山羊等。

(6) 裘皮用山羊　以生产裘皮为主的山羊。如中卫山羊等。

【实践案例】

　　针对所在地区的特点,从不同品种的山羊中选出符合条件的品种,用于杂交改良或直接用于生产。

【制订方案】

　　完成本任务的工作方案见表7-2。

表7-2　完成本任务的工作方案

步骤	内容
步骤一	了解生产中常见山羊品种的外貌特征、生产性能、品种特点和应用
步骤二	根据本场地的性质、规模、生产条件及技术水平合理选择山羊品种

【实施过程】

步骤一、了解生产中常见山羊品种的外貌特征、生产性能、品种特点和应用

　　(1)波尔山羊　原产于南非的干旱亚热带地区。1995年引入我国,在全国各地均有饲养。

　　外貌特征:波尔山羊毛色为白色,头颈为红褐色,并在颈部存有一条红斑。波尔山羊耳宽下垂,被毛短而稀。四肢强健,后躯丰满,肌肉多(图7-12)。

　　生产性能:波尔山羊是世界上最好的肉用山羊品种之一。成年公羊平均体重90 kg,母羊平均体重65～75 kg。羊肉脂肪含量适中,胴体品质好,屠宰率为52.4%。波尔山羊四季发情,母羊产羔率为150%～190%,优良个体产羔率达225%。该品种性情温和,易管理,与我国一些地方山羊品种杂交,效果较好。

　　(2)南江黄羊　原产于四川省南江县,是1995年培育而成的肉用山羊品种。1998年4月,农业部(现农业农村部)正式命名为"南江黄羊"。

　　外貌特征:南江黄羊被毛黄色,沿背脊有一条明显的黑色背线,毛短、紧贴皮肤、富有光泽。分有角与无角2种类型,其中有角型占61.5%,无角型占38.5%;耳大微垂,鼻拱额宽;体格高大,前胸深宽,颈肩结合良好;背腰平直,体呈圆桶形(图7-13)。

图7-12　波尔山羊

图7-13　南江黄羊

生产性能:南江黄羊是我国产肉性能较好的山羊品种。成年公羊体重为 66.87 kg;成年母羊体重 45.64 kg。成年羊屠宰率为 55.65%。最佳屠宰期为 8～10 月龄,肉质好。产羔率 205.42%。南江黄羊具有较强的适应性,现已推广全国 18 个省份,纯种繁育表现优秀,杂交改良其他山羊品种效果显著。

(3)隆林山羊 原产于广西壮族自治区隆林县。

外貌特征:公母羊头大小适中,均有角和须,少数母羊颈下有肉垂;体质结实,结构匀称,肋骨弓张良好,体躯近似长方形,四肢粗壮;毛色有白色、黑白色、褐色、黑色等(图 7-14)。

生产性能:成年公羊重 57.0 kg,母羊重 44.7 kg,羯羊重 72.3 kg;肌肉丰满,肌纤维细,肉质细嫩,膻味小;平均产羔率 195.2%。

(4)都安山羊 原产于广西壮族自治区都安县,其周围如马山、平果、东兰、巴马、忻城等县的石山地区也有大量分布。

外貌特征:体型较小,结构紧凑。公母羊均有角有须,角多向后上方弯曲,其色泽多为黑色和玉色。毛色有白色、麻色、黑色和黑白花等(图 7-15)。

图 7-14 隆林山羊

图 7-15 都安山羊

生产性能:适应性强,耐粗饲,易于饲养,抗病力强。繁殖年限长,母羊一般为 7～8 年,种用公羊为 6～7 年。胴体肉质良好,色鲜味美。

(5)关中奶山羊 原产于陕西的渭河平原,主要分布在关中地区。

外貌特征:体质结实,乳用型明显,头长额宽,眼大耳长,鼻直嘴齐。母羊颈长、胸宽、背腰平直,腹大而不下垂,尻部宽长,有适度的倾斜。乳房大,多呈方圆形,质地柔软,乳头大小适中。公羊头大颈粗,胸部宽深,腹部紧凑。公母羊四肢结实,肢势端正,蹄质结实,呈蜡黄色。毛短色白,皮肤粉红色,部分羊耳、鼻、唇及乳房有大小不等的黑斑,老龄更甚(图 7-16)。

生产性能:成年公羊体重不低于 65 kg,成年母羊体重 45 kg 以上。在一般饲养条件下,优良个体平均产奶量为:一胎 450 kg,二胎 520 kg,三胎 600 kg,高产个体在 700 kg 以上,含脂率 3.8%～4.3%。饲养条件好,产奶量可提高 15%～20%。一胎产羔率平均为 130%,二胎以上平均为 174%。因此,应注意选育和加强饲养管理,充分挖掘关中奶山羊的生产潜力。

(6)努比亚羊 努比亚羊原产于东非的埃及、埃塞俄比亚等国家。在我国经过了 30 多年的培育,与很多地方品种进行了杂交改良,也起到了一定的效果。

外貌特点:努比亚山羊原种毛色较杂,但以棕色、暗红为多见;被毛细短、富有光泽;头较小,额部和鼻梁隆起呈明显的三角形,俗称"兔鼻";两耳宽大而长且下垂至下颌部。有角或无角,有须或无须,角呈三棱形或扁形螺旋状向后,至达颈部,体躯深长,腹大而下垂,乳房丰满而有弹性,乳头大而整齐,稍偏两侧。成年公羊体高 120 cm,母羊 103 cm;成年公羊一般体重可达 100 kg 以上,成年母羊可达 70 kg 以上(图 7-17)。

图 7-16 关中奶山羊

图 7-17 努比亚羊

生产性能:公羊初配时间 6～9 月龄,母羊 5～7 月龄,发情周期 20 d,发情持续时间 1～2 d,怀孕时间 146～152 d,发情间隔时间 70～80 d,年均产羔 2 胎,平均产羔率 265%。努比亚羊是世界著名的乳肉兼用山羊,成年公羊、母羊屠宰率分别是 51.98%、49.20%,净肉率分别为 40.14% 和 37.93%。

努比亚羊在四川、贵州、云南、湖南、广东、广西、湖北、陕西、河南等省(自治区),表现出了良好的适应性和很好的生产能力。

(7)萨能山羊 原产于瑞士泊尔尼州西南部的萨能地区。萨能山羊是世界著名的乳用山羊品种。

外貌特征:萨能山羊具有乳用家畜特有的楔形体型。结构紧凑、细致,被毛白色或淡黄色。公羊的肩、背、腹和股部着生有较长的粗毛。皮薄,呈粉红色。头平直,较长,额宽,眼大凸出。耳大直立,母羊颈部细长,公羊颈粗而短,背腰平直而长,后躯发育良好,肋拱圆,尾部略显倾斜。母羊乳房发达,四肢坚实(图 7-18)。

生产性能:成年公羊体重 75～100 kg,成年母羊体重 50～65 kg。母羊头胎多产单羔,经产羊多为双羔或多羔,繁殖率为 160%～220%。泌乳期为

图 7-18 萨能山羊

10 个月左右,305 d 的产乳量为 500～1 200 kg,乳脂率为 3.2%～4.0%。

该羊从 1904 年开始引入我国,以后又从加拿大、德国、英国和日本等国分批引入,在国内分布较广。利用萨能山羊改良地方乳用山羊,提高产乳能力取得了良好效果。

步骤二、根据本场地的性质、规模、生产条件及技术水平合理选择山羊品种

以上介绍了不同生产类型的山羊品种,其各有特点,主要经济用途也各不相同。引入品

种选育程度较高,经济用途特征明显,乳用品种产乳性能高,肉用品种肉用性能高,适应舍饲条件,但往往存在适应性差、饲养条件要求高、繁殖性能差等缺点。而我国地方品种则与之相反,虽然生长速度慢,产乳产肉性能低,但繁殖力高,适应性更强,耐粗饲,适应放牧条件。根据本场地的性质、规模、生产条件及技术水平合理选择山羊品种,采取杂交的方法,培育适宜舍饲的、生产性能高的品种或者直接用于肉用山羊生产。

【职业能力测试】

一、填空题

1. 根据动物学分类,羊可以分为 2 种,分别是_____、_____。
2. 根据经济用途分,山羊可分为_____、_____、_____、_____ 等。
3. 列举出 3 个著名的肉用山羊品种_____、_____、_____。
4. 列举出 2 个乳用山羊品种_____、_____。
5. 列举出 2 个原产于广西的山羊品种_____、_____。

二、选择题

1. 下列山羊品种中,原产地不是中国的是_____。
A. 波尔山羊　　　　　B. 南江黄羊　　　　　C. 隆林山羊　　　　　D. 都安山羊
2. 南江黄羊的原产地是_____。
A. 云南　　　　　　　B. 四川　　　　　　　C. 贵州　　　　　　　D. 广西
3. 都安山羊的主要经济用途是_____。
A. 皮用　　　　　　　B. 绒用　　　　　　　C. 肉用　　　　　　　D. 乳用
4. 下列属于乳用山羊的品种是_____。
A. 波尔山羊　　　　　B. 南江黄羊　　　　　C. 萨能山羊　　　　　D. 都安山羊

项目八

羊的选种与繁殖

➤ **学习目标**

1. 掌握羊的选种方法。

2. 掌握羊的杂交改良技术。

3. 掌握山羊引种的技术和注意事项。

4. 掌握母羊的发情鉴定和配种技术。

5. 掌握羊的妊娠诊断技术。

6. 了解羊的分娩过程和接产技术。

【学习任务】

1. 掌握羊外貌选择的相关知识。
2. 掌握羊的体尺测量和年龄鉴定技术。

【必备知识】

1. 肉用羊的体型外貌评定

肉用羊的体型外貌评定是以品种和肉用类型特征为主要依据而进行的,其形式有评分法、体尺测量和年龄鉴定。就肉用山羊来说,其外形结构和体躯部位应具备以下特征:

(1)整体结构　体格大小和体重达到品种的月(年)龄标准,躯体粗圆,长宽比例协调,各部结合良好;臀、后腿和尾部丰满,其他产肉部位肌肉分布广而多;骨骼较细,皮薄而富有弹性,被毛着生良好且富有光泽;具有本品种的典型特征。

(2)头、颈部　按品种要求,口方,眼大而明亮,头型较大,额宽丰满,耳纤细、灵活。颈部较粗,颈肩结合良好。

(3)前躯　肩丰满、紧凑、厚实,前胸宽而丰满。前肢直立结实,腿短且间距宽,管部细致。

(4)中躯　胸宽、深,胸围大。背腰宽而平,长度适中,肌肉丰满。肋骨开张良好,长而紧密。腹底成直线,腰荐结合良好。

(5)后躯　臀部长、平、宽而开展,大腿肌肉丰满,后裆开阔,小腿肥厚。后肢短、直而细致,肢势端正。

(6)生殖器官与乳房　生殖器官发育正常,无机能障碍,乳房明显,乳头粗细、长短适中。

2. 羊的体尺测量

不同的体尺部位构成不同的外形特征,不同的外形特征,又反映羊不同的生产用途和生产能力。例如,毛用羊的头表现粗重,肉用羊的头较小而清秀。因此,了解羊的体尺部位及发育情况是必要的。

3. 羊的年龄鉴定

(1)耳标识别法　这种方法多用于种羊场或一般羊场的育种群。每只羊都有耳标。编号方法是,前两个号码代表出生年份,年号的后面才是个体编号。如"0623",即表示2006年出生的23号羊。因此,可通过前两个号码来推算羊的年龄。

(2)牙齿识别法　可根据牙齿变化规律判断羊的年龄。

【实践案例】

采用体尺测量选出优秀的种羊。

【制订方案】

完成本任务的工作方案见表8-1。

表 8-1　完成本任务的工作方案

步骤	内容
步骤一	羊的体尺部位及测量方法
步骤二	牙齿识别法判断羊的年龄
步骤三	种羊评定

【实施过程】

步骤一、羊的体尺部位及测量方法(图8-1)

（1）头长　由顶骨突起部到鼻镜上缘的直线距离①。

（2）体高　由耆甲最高点到地面的垂直距离②。

（3）体长　由肩胛骨前端到坐骨结节后端的直线距离③。

（4）胸深　耆甲最高点到胸骨底面的距离④。

（5）胸围　在肩胛骨后端,绕胸一周的长度。

（6）胸宽　左右肩胛中心点的距离。

（7）尻高　荐骨最高点到地面的垂直距离⑤。

（8）尻长　由髋骨突到坐骨结节间的距离⑥。

（9）腰角宽　两髋骨突间的直线距离。

（10）管围　管骨上1/3的圆周长度(一般以左腿上1/3处为准)。

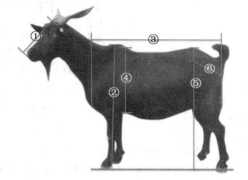

图 8-1　羊的体尺部位示意图

（11）肢高　由肘端到地面的垂直距离。

（12）尾长　由尾根到尾端的距离。

（13）尾宽　尾幅最宽部位的直线距离。

测定时,使羊在平坦的地面上自然站立,姿势要端正。

步骤二、牙齿识别法判断羊的年龄

羊的门齿根据发育阶段分作乳齿与永久齿2种。幼年羊乳齿共有20枚,随着羊的生长发育,逐渐更换为永久齿,到成年时达32枚。乳齿小而白,永久齿大而微黄。羊牙齿生长、更换时期见表8-2。

表 8-2　羊牙齿生长、更换时期表

牙齿	年龄							
	羔羊				成羊			
	1周	3～4周	3个月	9个月	1～1.5岁	1.5～2岁	2.25～2.75岁	3～3.75岁
门齿	钳齿长出	其余门齿长出	—	—	钳齿更换	内中间齿更换	外中间齿更换	隅齿更换
臼齿	—	第一、二、三前臼齿长出	第一臼齿长出	第二臼齿长出	第三臼齿长出	第一、二、三前臼齿更换	—	—
齿数/枚	2	20	24	28	32	32	32	32

4 岁以上的羊,根据门齿磨损程度来识别年龄。5 岁牙齿出现磨损,称为"老满口"。6～7 岁牙齿松动或脱落,称为"破口"。牙床只剩下点状齿时,称为"老口",年龄在 8 岁以上。但羊的牙齿更换时间及磨损程度受很多因素的影响,如品种、个体、采食饲料的种类等。因此,以牙齿识别年龄只能提供参考(图 8-2)。

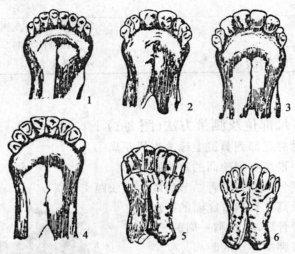

1.羔羊在 1 岁以前的门齿　　2.1～1.5 岁的门齿　　3.1.5～2.5 岁的门齿
4.3～4 岁的门齿　　5.6 岁以前的门齿　　6.6 岁以上的门齿

图 8-2　不同年龄羊的牙齿变化

步骤三、种羊评定

依据测量结果,对照种羊外貌、体尺标准,对测量种羊进行评定,选出优秀种羊。

【知识拓展】

● GB/T 19376—2003《波尔山羊种羊》分级标准

本标准规定了波尔山羊的品种特性、外貌特征、生产性能和种羊等级指标。本标准适用于波尔山羊的品种鉴别和种羊的等级评定。

【职业能力测试】

一、填空题

1.常用的几种种羊选种方法是 ＿＿＿＿＿＿＿＿、＿＿＿＿＿＿＿＿、＿＿＿＿＿＿＿＿、

＿＿＿＿＿＿＿＿。

2.幼年羊乳齿共有＿＿＿＿枚,到成年时达＿＿＿＿＿＿枚。

二、判断题

(　　)1.羊体高指由耆甲最高点到地面的垂直距离。

(　　)2.羊 5 岁牙齿出现磨损,称为"老满口"。

【学习任务】

1. 学习羊的选种方法。
2. 学习羊的引种技术措施。

【必备知识】

(1)羊的引种概念　我国农区分布有 30 多个绵、山羊品种,虽然品种数量多、分布广泛、适应性强、耐粗饲、繁殖力高,但普遍存在个体小、生产性能低,尤其是产肉性能低的问题。这种局面在一定程度上制约了农区养羊业的发展。因此,引进一些适合各地生态条件的优良绵、山羊品种,进行杂交改良,对提高当地羊种的生产性能,增加养羊收益具有重要作用。

(2)搞好引种和纯繁　应根据各地的生态条件和经济发展方向,引入适合本地的国内外优良品种。如德国肉用美利奴羊、无角陶赛特羊、萨福克羊、夏洛来羊、特克赛尔羊、波尔山羊、南江黄羊、小尾寒羊、乌珠穆沁羊等。加强种公羊的选择和培育,大力推广人工授精技术,不断改善饲养管理条件,搞好优良品种的选育和提高,建立健全良种繁育体系,从而促进养羊业的可持续发展。

【实践案例】

作为羊场技术人员,如果要从外地引种,如何进行? 请你设计一个山羊引种的方案。

【制订方案】

完成本任务的工作方案见表 8-3。

表 8-3　完成本任务的工作方案

步骤	内容
步骤一	了解养羊生产中引种的技术措施
步骤二	了解山羊引种的注意事项
步骤三	制订一个适合本地的山羊引种方案

【实施过程】

步骤一、了解养羊生产中引种的技术措施

随着市场经济的发展,羊的经济价值日益受到人们的重视与利用,为发展羊生产和改良本地羊,就要进行羊的引种,因此,认真了解引种知识,掌握羊引种的主要技术措施,对引种成功具有重要的指导意义。羊引种的主要技术措施如下:

(1)制订引种计划　首先要认真研究引种的必要性,明确引种目的,制订引种计划,要确

定引进品种、数量及公母比例。国外引入品种及育成品种应从大型牧场或良种繁殖场引进，地方良种应从中心产区引进。

（2）选择引种季节　影响品种的自然因素较多（如：纬度、海拔等），而气温对品种的影响最大，因此一定要选择好引种季节，尽量避免在炎热的夏季引种。同时，要考虑到有利于引种后的风土驯化，使引种羊尽快适应当地环境，从低海拔向高海拔地区引种，应安排在冬末春初季节，从高海拔向低海拔地区引种，应安排在秋末冬初季节，在此时间内两地的气候条件差异小，气温接近，过渡时间长，特别在秋末冬初引种还有一个更大的优点，此时羊只膘肥体壮，引进后在越冬前还能放牧，只要适当补充草料，种羊就能够安全保膘越冬。

（3）落实引种计划　确定从某地引种后，于引种日的前几天派引种小组人员赴该地，对所引品种的种质特性、繁殖、饲养管理方式、饲料供应、疫病防治等情况做全面了解，调查当地种羊价格，按计划保质保量选购种羊，并寻找场地集中饲养等待接运，以便接运车辆随到随运。

（4）种羊选择　要根据外形外貌来选择种羊，有条件的要查阅系谱，繁殖种羊应健康无病，个体外形特征要符合品种要求。

种母羊的选择：繁殖母羊要求体格结实健壮，结构匀称，胸宽深、背腰长；四肢端正；乳房发育良好，手摸有弹性无硬块，乳头粗长；外生殖器官发育良好。若查系谱要选择产双羔或多羔的母羊，以 2～4 岁的经产母羊比较理想，此时正是母羊的生产高峰期，成年母羊以不低于 20 kg 为宜。

种公羊的选择：选好种公羊十分重要，俗话说："公羊好，好一坡；母羊好，好一窝。"就是这个道理。根据育种理论，种公羊应选留多胎母羊的后代，要求无任何发育外形缺陷，单睾及隐睾公羊均不能作种用，成年公羊活重应不低于 25 kg。

（5）严格检疫　种羊选购后，要进行严格检疫，临时注射传染病预防疫苗，在当地动物防疫检疫主管部门办理种羊的防疫检疫证明。

步骤二、了解山羊引种的注意事项

近年来，我国北方地区畜牧业发展迅速。特别是养羊业的兴起，极大地带动了养殖户积极性。为配合养殖发展的需要，部分单位纷纷引进新品种的羊，如波尔山羊、美利奴羊、萨福克羊、夏洛来羊、杜泊羊等。这对地方羊的品种改良和新品种的繁殖无疑有很好的促进作用。但引种的同时有几个问题应引起注意：

（1）引种要避免盲目性　随着经济的发展，羊产品的需求越来越大。但由于市场调节，羊产品价格有时在市场上起落无常，所以引种前要搞好市场调查，搞清所引进品种的市场潜力，盲目引种只能导致养殖失败。

从市场分析来看，由于近两年国外疯牛病和口蹄疫的大规模流行，我国出口牛羊肉的速度加快。同时国内近两年草原牧区的雪灾和多年的旱灾一度使国内羊只存栏量减少，这势必形成羊肉的价格优势。所以发展肉羊会有一定的前景，加之我国加入 WTO，畜牧业前景看好，这应给养羊业带来新的发展。

（2）引种要讲方法　无论从国外还是国内引种，一般有 3 种方法。一是直接引进纯种个体；二是引进胚胎，进行胚胎移植；三是通过人工授精。

3 种方法各有利弊。胚胎和精液（冻精）便于携带和运输，但所需繁殖时间长。直接引进纯种，虽然运输较困难，但可省去妊娠和部分生长时间，这样引进的纯种利用时间大为提前。胚胎移植和人工授精引进疾病相对要少,引进纯种的同时,也就可能直接引进了某些疾病(虽经检疫,也不可避免)。胚胎移植可引进纯种,人工授精多用于进行杂交改良。另外,如果是单纯为改良本地品种,一般直接引进纯种个体较好。如果是引进新品种进行纯种繁殖,胚胎移植较好。而人工授精多成为纯种繁殖和品种改良的良好途径。

(3)养殖规模与资金要相配套 规模养殖通常是前期投资较大。维持投资虽然比重较小,但这较小的投资一旦受阻,往往会造成巨大的经济损失,甚至前期投资白白浪费,这就会造成养殖失败。

(4)引种要找信誉好的单位 提供纯种的单位或中介单位的信誉十分重要。

(5)慎重考虑引进品种的经济价值 由于媒体的过分炒作或供应单位的过分夸大宣传,使超出商品价值部分的其他费用加大,难免出现货不抵值的现象。一旦引进就会花费很多,加上引进者如果缺乏足够的考查了解,盲目听信他人说教,有时引种之后与自己想象的相差甚远。比如波尔山羊无疑是国内外公认的较好的肉羊品种,但单纯从产肉性能上来说,肉山羊远不如肉绵羊净肉率高,增重快。从经济效益上远不如肉绵羊高。如果从改良地方山羊品种的角度考虑引进波尔山羊很好,如果从肉用羊发展的角度,还是发展肉用绵羊为好。从地理角度来讲,北方宜引进绵羊,南方宜引进山羊。

(6)引种应因地制宜 考虑本地的地理环境,特别是本地的地貌、气候和饲草资源,应慎重引进品种。因为不是所有品种的羊都能在同一地域很好地生长繁殖。考虑北方饲草资源丰富,地域广阔而平坦,但气候寒冷,选择引进较耐寒的绵羊品种或绒山羊为宜。山区多因地形因素选择善于登山的山羊品种,半山区和丘陵地带如果气候条件适宜,引进品种选择性较多,而南方一般高温高湿而不适应毛用羊的生长。

总之,引进纯种由于投资较大,所以各方面的问题都应引起注意,一旦一个或者几个环节失误,往往会造成巨大的经济损失。

步骤三、制订一个适合本地的山羊引种方案

利用所学理论,制订一个适合本地的山羊引种方案。

【知识拓展】

● 羊的杂交改良

杂交就是选择不同品种个体进行配种。其目的一是获得杂种优势;二是彻底改变生产方向。常用的杂交方法有:级进杂交、育成杂交、引入杂交、经济杂交等。

1.级进杂交

级进杂交也称改良杂交。改良品种时反复使用,即用改良品种的种公羊与被改良品种的母羊杂交,获得的各代杂种母羊,每代继续用改良品种公羊交配,杂交进行到4～5代,其杂种后代既具有改良品种的优良品质和高生产性能,又具有被改良品种的生物学特性。级进杂交时,一定要选择产品方向完全符合要求、生产性能比较高、对当地生态条件适应性好,并且对饲养管理条件要求不甚高的品种作为改良用品种。

2.育成杂交

育成杂交分简单育成杂交和复杂育成杂交。用2个羊品种杂交育成新品种称为简单育成杂交;用3个或3个以上羊品种杂交育成新品种称为复杂育成杂交。通过育成杂交培育

新品种,是发展养羊业、提高羊生产性能的重要方法。

育成杂交分为3个阶段:

(1)杂交改良阶段　这一阶段的主要任务是选择参与育种的羊品种,整顿羊群,按质分群,优质优饲,注意发现遗传上优秀的个体,较大规模地开展杂交,以便获得大量的优良杂种个体。

(2)横交固定阶段　也称自群繁育阶段。这一阶段的主要任务是选择理想型杂种公、母羊互交,以固定杂种羊的理想特性。横交初期,后代性状分离比较大,须严格选择。为了尽快固定杂种的优良特性,可以采用一定程度的亲缘交配或同质选配。

(3)纯繁扩群阶段　又称发展提高阶段或扩群提高阶段。这一阶段的主要任务是通过选育手段建立品种整体结构,增加数量,提高品质和扩大分布区,使其获得广泛的适应性。

3.引入杂交

引入杂交又叫导入杂交。当一个羊品种的生产性能基本上能够满足需要,但在某一方面还有不足或缺陷,采用本品种选育在短期内又不易见效时,可选用生产方向一致,能纠正原品种不足的优良品种羊进行杂交,叫引入杂交。其目的是用外来品种改进原品种,并保持原品种的特性及其主要品质。

进行引入杂交时,选择品种和个体很重要。要选择特别好且经过后裔鉴定的种公羊,进行细致的选配,还要为杂种羊创造一定的饲养管理条件,并加强原品种的选育工作。

4.经济杂交

经济杂交是不同羊品种(品系)杂交后,利用其杂种优势,以提高羊经济价值为目的的杂交。可采用2品种杂交的简单经济杂交,3品种或4品种杂交的复杂经济杂交。经济杂交要通过不同品种杂交组合试验来确定,以发现最佳组合,不能认为任何2个品种杂交都会获得满意结果。

在肥羔生产中,组织3品种或4品种的杂交效果较好。

【职业能力测试】

一、判断题

(　　)1.引种国外山羊品种时,应从中心产区引进。

(　　)2.引种季节应在炎热的夏季较好。

(　　)3.引种种羊时要查阅系谱。

(　　)4.引入杂交的目的是克服原有品种的一些缺点。

(　　)5.经济杂交是利用杂种优势,以提高羊经济价值为目的的杂交。

二、问答题

1.山羊引种有哪些技术措施?

2.山羊引种要注意哪些事项?

3.山羊杂交方法主要有哪些?

任务三　羊的发情和配种

【学习任务】

1.了解羊的繁殖规律。

2.学会羊的发情鉴定技术。

3.掌握羊的人工授精技术。

【必备知识】

▶ 一、羊的性成熟和初配年龄

(1)性成熟　性成熟时,公羊开始有性行为,母羊出现发情症状。在良好的饲养管理条件下,达性成熟的年龄较早,一般为5～7月龄;毛用羊性成熟较晚,一般为8～10月龄。山羊的生殖生理与绵羊相同,但山羊的性成熟比绵羊早,一般为4～6月龄,有的山羊3～4月龄即发情。

(2)初配年龄　性成熟并不意味着羊能进行配种,因为羊在性成熟初期,身体还未充分发育成熟,如果这时进行配种,不仅阻碍其本身的生长发育,而且也影响胎儿的生长发育和后代的体质及生产性能。因此,一般羊的初配年龄在10～18月龄,体重达成年羊的70%以上时进行较适宜,同时,应考虑发育与体重情况,如生长发育快,也可适当提前配种。

羊在3～5岁时繁殖力最强,7～8岁渐渐衰退。一般认为7～8岁时淘汰为宜,优秀的个体可以延长到10岁以上。特别是公山羊不宜使用过久,国外大都坚持5岁以后淘汰,以5岁以前的公山羊配种效果最好。

▶ 二、羊的发情

1.羊的发情征状

母羊发情征状大多不很明显。母羊发情时,通常表现为喜欢接近公羊,在公羊追逐或爬跨时站立不动,食欲减退,阴唇黏膜红肿,阴户内有黏性分泌物流出,行动迟缓,目光迟钝,神态不安等。

绵羊发情周期为15～19 d,平均17 d。母羊每次发情的持续时间不等,从一昼夜到几天,一般在24～36 h,平均30 h。母羊一般在发情接近终止时排卵,即发情开始后20～30 h。

山羊的发情表现比绵羊明显,发情时咩鸣,行动不安,摇尾,外阴潮红肿胀,阴门流出黏液,特别是乳用山羊更为明显,因此容易发现。山羊发情周期为16～25 d,平均20 d。发情持续期1～2 d。母羊分娩后10～14 d即表现发情症状,但不明显。

2.羊的发情鉴定

发情鉴定的目的是及时发现发情母羊,正确掌握配种或人工授精时间,防止误配漏配,提高受胎率。母羊发情鉴定一般采用外部观察法、阴道检查法和试情法等。

（1）外部观察法　绵羊的发情期短，外部表现也不太明显，发情母羊主要表现为喜欢接近公羊，并强烈摇动尾部，当被公羊爬跨时站立不动，外阴部分泌少量黏液。山羊发情表现明显，发情母山羊兴奋不安，食欲减退，反刍停止，外阴部及阴道充血、肿胀、松弛，并有黏液流出。

（2）阴道检查法　阴道检查法是用阴道开膣器来观察阴道的黏膜、分泌物和子宫颈口的变化来判断发情与否。发情母羊阴道黏膜充血，表面光亮湿润，有透明黏液流出，子宫颈口充血、松弛、开张，并有黏液流出。

（3）试情法　鉴定母羊是否发情多采用公羊试情的方法。

试情公羊的准备：试情公羊必须是体格健壮、无疾病、性欲旺盛、2～5周岁的公羊。为了防止试情时公羊偷配母羊，要给试情公羊绑好试情布，也可做输精管结扎或阴茎移位术。

试情方法：试情公羊与母羊的比例要合适，以 1：（40～50）只为宜。试情公羊进入母羊群后，工作人员不要哄打喊叫，只能适当轰动母羊群，使母羊不要拥挤在一处。发现有站立不动并接受公羊爬跨的母羊，表示该母羊已发情，可准备配种。

◈ 三、羊的配种

1. 配种季节

母羊大量发情的季节称为羊的配种季节，一般也叫繁殖季节。影响繁殖季节的主要因素是光照。母羊的发情要求由长变短的光照条件，因此，发情季节一般多在秋季。山羊的发情时节以秋季较多。乳用山羊的发情多为春、秋两季。处于温热带的山羊，往往是全年均可发情受胎，一年 2 胎或两年 3 胎。公山羊全年都可配种，没有严格的季节性。

2. 配种方法

羊的配种方法有自然交配、人工辅助交配和人工授精等 3 种。

（1）自由交配　这是原始落后的配种方式。即将公羊放到母羊群中同群放牧饲养，到配种期时随着母羊出现发情，公羊便随时与母羊交配。这种方法虽然省事省力，简便易行，但由于完全不加控制，存在许多缺点。如在一个配种季节里 1 只公羊只能配 25～35 只母羊，由于消耗公羊体力，不能充分发挥优良种公羊的作用，对土、杂种羊进行大面积杂交改良，种公羊利用率很低，浪费大，且存在较难掌握产羔具体时间，羔羊系谱混乱等缺点。

（2）人工辅助交配　是人工控制、有计划地安排公、母羊交配。公、母羊全年分群放牧和管理，到配种期间，利用本地试情公羊将发情母羊识别出来，再与指定的良种公羊或品质优良的公羊进行单独交配。这种方法可以准确记载母羊的配种时间和与配公羊，同时种公羊的利用率比起自然交配有所提高，每只种公羊在一个配种季节可配母羊 50 只左右。并减少种公羊体力消耗，不干扰整个羊群的放牧采食。这种方法适合于有一定数量的良种公羊，开展人工授精较困难，又不想采用自然交配的情况下采用。目前，这种方法被广泛采用。

（3）人工授精　人工授精是一项先进的配种技术。它是借助专门的器械和方法，采集公羊的精液，在体外经过检查和适当处理后，把精液输入发情母羊的子宫颈口内，使其受胎的方法。

【实践案例】

在养羊生产中,如何识别母羊是否发情?有母羊发情如何进行配种?

【实施过程】

完成本任务的工作方案见表 8-4。

表 8-4 完成本任务的工作方案

步骤	内容
步骤一	掌握母羊发情鉴定的方法
步骤二	掌握母羊的配种方法

步骤一、掌握母羊发情鉴定的方法(试情法)

▷ 一、试情前的准备

(1)试情时间确定 生产中一般是在黎明前进行。如果天亮以后才开始试情,由于母羊急于出牧,性欲下降,故试情效果不好。试情工作要抓紧时间,既要准确找出发情母羊,又不能影响羊群放牧。

(2)试情圈的准备 试情圈的面积以每只羊 1.2~1.5 m^2 为宜。试情地点应大小适中,地面平坦,便于观察,便于抓羊,使试情公羊能与母羊普遍接近。

(3)试情公羊准备 凡是试情公羊必须身体健康,性欲旺盛,营养良好,行动活泼。试情公羊试情前要带试情布,防止公羊和母羊交配受胎。亦可用阴茎移位、输精管结扎的公羊做试情羊。试情公羊按母羊数的 2%~3% 配备。

▷ 二、试情操作方法

(1)母羊分群 将母羊分成 100~150 只的小群,放在羊圈内,赶入试情公羊。

(2)试情 试情公羊进入母羊群后,要适当哄动母羊群,不让母羊拥挤在一处或溜边。一般发情母羊均能主动接近公羊。

试情时,试情公羊用鼻子去嗅母羊的阴户,在追逐爬跨时,发情母羊常把两腿分开,驻立不动,摇尾示意,或者随公羊绕圈而行。

(3)判断发情情况 发现发情母羊即迅速抓出,统一送到输精室进行输精。抓发情母羊要准(看清楚)、稳(不惊群)、快(及时抓出来)、勤(腿勤、手勤)。初次配种母羊发情征状不明显,往往表现既与公羊接近,又不让公羊爬跨,此时可将该羊抓住,检查阴门是否红肿,阴道黏膜是否充血发红,让公羊爬跨时不蹦跳、不乱挣即为发情。否则容易漏情。

(4)试情后的工作 试情完毕,赶出试情公羊,清洗试情布,以防布面变硬擦伤阴茎,并检查试情布有无破损。试情公羊试情期间要适当休息,并加强饲养管理。每隔 6~7 d 排精一次,以保持和提高其性欲。

步骤二、掌握母羊的配种方法(人工授精法)

◆ 一、器械用具的洗涤和消毒

凡供采精、输精及与精液接触的器械、用具都应做到清洁、干净,并经消毒后方可使用。

(1)假阴道用热肥皂水反复洗刷后,用清水冲洗2～3次,最后用70%酒精棉球消毒,放在有盖布的搪瓷盘内。

(2)集精瓶、输精器先用70%酒精或蒸汽消毒,再用稀释液或0.9%氯化钠溶液冲洗3～5次。

(3)开腟器、镊子、搪瓷盘、搪瓷缸等可用酒精火焰消毒或用蒸汽消毒。其他玻璃器皿、橡胶质品用70%酒精消毒。

(4)氯化钠溶液、凡士林每日应蒸煮消毒1次。

(5)毛巾、纱布、盖布等洗涤干净后用蒸汽消毒。

(6)擦拭母羊外阴部和公羊包皮的纱布,用肥皂水洗净,再用2%来苏儿溶液消毒,用清水漂净晒干。

◆ 二、采精(假阴道法)

(1)安装、检查假阴道,使假阴道内胎松紧适度、不漏气、不漏水,表面平滑无扭折,灌入50～55℃热水约150 mL于假阴道夹层内。在假阴道的一端安装集精瓶,并包裹双层消毒纱布,在另一端深度为1/3～1/2的内胎上涂薄薄一层白凡士林(0.5～1 g)。吹气加压,检查温度,以40～42℃为适宜。

(2)采精时,选择发情旺盛、个体大的母羊做台母羊,保定在采精架上,引导采精的种公羊到台母羊附近,拭净包皮。采精人右手紧握假阴道,用食、中指夹好集精瓶,使假阴道活塞朝下方,蹲在台母羊的右侧后方。待公羊爬跨台母羊、伸出阴茎时,采精人用左手轻拨公羊包皮,细心而迅速地将阴茎导入假阴道内,假阴道与地平线应成35°。当公羊纵身向前(即射精)后,应及时将假阴道安装集精瓶的一端向下(以免精液流失),放出空气,擦净外壳,取下集精瓶送精检室检查。

◆ 三、精液品质检查和处理

(1)**肉眼观察** 羊的射精量一般为1～1.5 mL,最高可达3 mL,正常精液颜色为乳白色,外观呈回转滚动的云雾状,无味或稍具腥味。如颜色、气味异常者,不能用于输精。

(2)**显微镜检查** 精液经检查,密度为"密"或"中",活力达到"5"或"4"者方可用于输精。

(3)**精液的稀释** 精液稀释用0.9%氯化钠溶液或2.9%柠檬酸钠溶液,也可用葡萄糖卵黄稀释液。稀释倍数一般以1:1为宜,若精液不足,最高也不要超过1:3。

四、输精操作(开腟器扩张阴道输精法)

(1)保定发情母羊,用小块消毒纱布擦净外阴部。

(2)左手握开腟器,右手持输精器,先将开腟器慢慢插入阴道,轻轻旋转,打开开腟器,找到子宫颈。

(3)把输精器尖端通过开腟器,插入子宫颈 0.5～1 cm 处,再用右手拇指轻轻推动输精器活塞,输入 0.05～0.1 mL 精液。

(4)注入精液后,先取出输精器,然后使开腟器保持一定的开张度后取出,以免夹伤阴道黏膜。

五、输精后工作

当天输精工作完毕后,将用过的全部器械、用具洗净、消毒,放在搪瓷盘里,盖上盖布,以备下次使用。做好输精的记录。

【知识拓展】

● 山羊人工授精的优点

1.克服公母羊交配的时间、空间限制。

2.扩大优秀种公羊的利用率,能迅速改良品种质量。

3.能提高母羊受胎率,并能减少疾病传播。

4.能节省种公羊的购买经费和饲养费用。

【职业能力测试】

一、选择题

1.山羊的发情鉴定一般采用(　　)。

A.阴道检查法　　　　B.外部观察法　　　　C.试情法　　　　D.直肠检查法

2.母山羊的初配时间一般在(　　)月龄。

A.10～12　　　　B.16～18　　　　C.6～8　　　　D.4～6

二、简答题

1.羊的发情征状有哪些?

2.羊的发情鉴定方法有哪些?

3.山羊人工授精的主要技术程序包括哪些环节?

【学习任务】

1.了解羊的妊娠期,会推算预产期。

2.学会羊的妊娠诊断技术。

3.掌握羊的分娩接产技术。

【必备知识】

▷ 一、羊的妊娠期

山羊的妊娠期变动范围较大,相差 20 d,即 140～160 d,平均 152 d。绵羊的妊娠期一般为 144～155 d,平均 150 d。但早熟品种多在良好的饲养条件下育成,妊娠期较短,平均为 145 d。饲养条件较差的,妊娠期长,多在 152 d 左右。

▷ 二、羊的分娩预兆

妊娠期满的母羊将子宫内的胎儿及其附属物排出体外的过程,称为产羔。产羔期内,羊群在白天出牧前应仔细观察,把有临产征兆的母羊留下,或根据母羊预产期,把临产母羊留在分娩栏内,并加强护理,做好产羔前的准备。

母羊在分娩前,机体的某些器官会发生显著的变化,母羊的全身行为也与平时不同,这些变化是为适应胎儿产出和新生羔羊哺乳的需要而做的生理准备。对这些变化的全面观察,往往可以大致预测分娩时间,以便做好助产准备。

(1)乳房的变化　乳房在分娩前迅速发育,腺体充实,临近分娩时,可从乳头中挤出少量清亮胶状液体或少量初乳,乳头增大变粗。

(2)外阴部的变化　临近分娩时,阴唇逐渐柔软、肿胀、增大,阴唇皮肤上的皱襞展开,皮肤稍变红。阴道黏膜潮红,黏液由浓厚黏稠变为稀薄滑润。排尿频繁。

(3)骨盆的变化　骨盆的耻骨联合,荐髋关节以及骨盆两侧的韧带活动性增强,在尾根及其两侧松软,肷窝明显凹陷。用手握住尾根做上下活动,感到荐骨向上活动的幅度增大。

(4)行为变化　母羊精神不安,食欲减退,回顾腹部,时起时卧,不断努责和鸣叫,腹部明显下陷是临产前的典型征兆,应立即送入产房。

【实践案例】

作为羊场技术人员,如何确定配种后母羊是否妊娠?妊娠期结束后,如何做好分娩时的接产工作?

【制订方案】

完成本任务的工作方案见表8-5。

表8-5　完成本任务的工作方案

步骤	内容
步骤一	掌握母羊妊娠诊断技术
步骤二	掌握母羊分娩接产技术

【实施过程】

步骤一、掌握母羊妊娠诊断技术

羊的直肠检查现多用探诊棒进行(图8-3)。检查时,将停食一夜的被检母羊仰卧保定,向直肠灌入30 mL左右的温肥皂水,排出直肠内宿粪,将涂有润滑剂的探诊棒插入肛门,贴近脊柱,向直肠插入30~35 cm,然后一只手将探诊棒的外端轻轻压下,令直肠内一端稍微挑起,以托起胎胞,同时另一只手在腹壁触摸,如触到块状实体,说明母羊已妊娠,如反复诊断均只能摸到探诊棒,说明未孕。此法适宜于配种60~85 d的孕羊检查,配种已达115 d时要慎用。

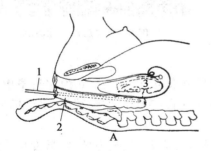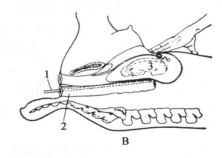

A.插入探诊棒　B.用探诊棒托起胎儿
1.探诊棒　2.直肠　3.胎儿

图8-3　妊娠探诊棒直肠检查法

步骤二、掌握母羊分娩接产技术

1.正常分娩的接产

正常接产母羊产羔时,最好让其自行产出。接产人员的主要任务是监视分娩情况和护理初生羔羊。正常接产时,首先剪净临产母羊乳房周围和后肢内侧的毛,然后用温水洗净乳房,挤出几滴初乳,再将母羊的尾根、外阴部、肛门洗净,用1%来苏儿消毒。一般情况下,经产比初产母羊产羔快,羊膜破裂数分钟至30 min,羔羊便能顺利产出。正常羔羊一般是两前肢先出,头部附在两前肢之上,随着母羊的努责,羔羊可自然产出。产双羔时,间隔10~20 min,个别间隔较长。当母羊产出第一只羔后,仍有努责、阵痛表现,是产双羔的征兆,此时接产人员要仔细观察和认真检查。方法是:用手掌在母羊腹部前方适当顶举、上推,如系双胎则可触动光滑的羔体,怀双胎母羊在分娩第一只羔羊后已感疲乏,这时需要助产。方法是：人在母羊体躯后侧，用膝盖轻压其胁部，等羔羊嘴端露出后，用一只手向前推动母羊会阴部，羔羊头部露出后，再用一手托住头部，一手握住前肢，随母羊的努责向后下方拉出胎儿。若属胎位异常（不正）要做难产处理。羔羊出生后，先将羔羊口、鼻和耳内黏液掏出擦净，以免误吞羊水引起窒息或异物性肺炎。羔羊身上的黏液，在接产人员的帮助下，要让母羊舔干，既可以促进新生羔羊的血液循环，又有助于母羊认羔。如果母羊仍不舔或天气较冷时，应用干草或纱布迅速将羔羊全身擦干，以免羔羊受凉感冒。

羔羊出生后，一般可自行扯断脐带，这时可用 5% 碘酊在扯断处消毒。如羔羊自己不能扯断脐带时，先把脐带内的血向羔羊脐部顺捋几次，在离羔羊腹部 3～4 cm 的适当部位人工扯断脐带，并消毒处理。母羊分娩后 1 h 左右，胎盘即会自然排出，应及时取走胎衣，防止被母羊吞食养成恶习。若产后 4～5 h 母羊胎衣仍未排出，应及时采取措施。

2. 产后母羊和初生羔羊的护理

（1）产后母羊（图 8-4）的护理　母羊在分娩过程中失去很多水分，并且代谢机能下降，抵抗力减弱。如果护理不当，不仅影响身体健康，而且会导致产乳能力的下降，影响羔羊的哺育。因此，需要加强产后母羊的护理。

图 8-4　产后母羊和羔羊

产后母羊应注意保暖、防潮，给母羊带上护腹带，避免贼风，预防感冒，并使母羊安静休息。

产后 1 h 左右，应给母羊饮水，第一次不宜过多，一般为 1～1.5 L，水温在 12～15℃，切忌给母羊饮冷水。

为了避免引起乳腺炎，在母羊产羔期间可稍减饲料喂量，产后头 3 d 内应给予质量好、易消化的优质干草和多汁饲料，量不宜太多，产后 3 d 以后，再逐渐增喂精料、多汁饲料和青贮饲料。

（2）初生羔羊的护理　羔羊出生后，体质较弱，适应能力差，抵抗力低，容易发病。因此，加强初生羔羊护理是保证其成活的关键。羔羊出生后，应使其尽快吃上初乳。瘦弱的羔羊或初产母羊，以及保姆性能差的母羊，需要人工辅助哺乳。多羔或母羊有病，乳量不足时应找保姆羊代乳。

护理初生羔羊应做到：防冻、防饿、防潮和勤检查、勤配奶、勤治疗、勤消毒的"三防、四勤"。分娩栏要经常保持干燥，勤换干草，接羔室温度不宜过高，要求保持在 0～5℃之间。

羔羊出生后，一般十多分钟即可站立，寻找母羊乳头。第一次哺乳应在接产人员护理下进行，使羔羊能尽快吃到初乳。

哺乳期羔羊体温调节机能很不完善，不能很好地保持恒温，易受外界温度变化的影响，特别是生后几小时内更为明显。肠道的适应性较差，各种消化酶也不健全，易患消化不良和腹泻。所以要保暖、防潮，给羔羊带上护腹带。

哺乳期羔羊发育很快，若哺乳量不足，不但影响羔羊的发育，而且易染病死亡。对哺乳量不足的羔羊，应找保姆羊。保姆羊一般是羔羊的死亡或有余乳的母羊。由于羊的嗅觉灵敏，应先将母羊胎液或羊乳涂在过哺羔羊的身上，使它难以辨认。对过哺的保姆羊与羔羊，须勤检查，最初几天需人工辅助，必要时强制授乳。

对弱羔、双羔、孤羔可采用人工哺乳。用新鲜消毒的牛奶,要求定温(38～39℃)、定量、定时、定质。可以用奶瓶哺乳,一般多采用少量多次的喂法。

羔羊一般出生后4～6 h即可排出黑褐色、黏稠的胎粪。若出生羔羊鸣叫、努责,可能是胎粪停滞,如24 h后仍不见胎粪排出,应采取灌肠等措施。胎粪特别黏稠,易堵塞肛门,造成排粪困难,应注意擦拭干净。

对于初生的羔羊,要勤检查,发现病羔及时治疗,特殊护理。为了管理上的方便和避免哺乳上的混乱,可临时给母羊和羔羊编号。

【知识拓展】

● 母羊难产的处理技术

(1)难产处理　母羊的骨盆狭窄,阴道过小,胎儿过大,或因母羊身体虚弱,子宫收缩无力,胎位不正等均会造成难产。

羊膜破水后30 min,如母羊努责无力,羔羊仍未产出时,应即助产。助产人员将手指甲剪短、磨光,消毒手臂,涂上润滑油,根据难产情况采用相应的处理方法。如胎位不正,先将胎儿露出部分送回阴道,将母羊后躯抬高,手入产道校正胎位,然后再随母羊有节奏的努责将胎儿拉出;如胎儿过大,可将羔羊两前肢反复数次拉出和送入,然后一手拉前肢,一手扶头,随着母羊努责缓慢向下方拉出。切忌用力过猛,或不依据努责的节奏硬拉,以免拉伤阴道。

(2)假死羔羊的处理　羔羊出生后,如不呼吸,但发育正常,心脏仍跳动,称为假死。原因是羔羊吸入羊水,或分娩时间较长,子宫内缺氧等。处理方法:一是提起羔羊两后肢,悬空并不时拍击胸背部;二是让羔羊平卧,用两手有节奏地推压胸部两侧。经过这些处理,短时假死羔羊多能复苏。因受凉而造成假死的羔羊,应立即移入暖室进行温水浴,水温由38℃开始逐渐升到45℃,浸浴20～30 min,同时进行腰部按摩。水浴时应注意将羔羊头部露出水面,严防呛水。待羔羊苏醒后,要立即擦干全身。

【职业能力测试】

一、填空题

1.母山羊的初配年龄一般在_____月龄;发情周期为_____d;一般利用年限为_____年。

2.山羊的妊娠期是_____d,绵羊的妊娠期是_____d。

3.母羊妊娠诊断的方法主要采用_____。

二、问答题

1.母羊分娩前有哪些预兆?

2.正常分娩时,如何做好母羊的接产?

3.如何做好产后母羊的护理?

4.如何做好产后羔羊的护理?

项目九

羊的饲养管理

任务一　了解羊的生活习性

【学习任务】

1. 了解羊的生活习性。
2. 了解羊的消化特点。

【必备知识】

一、羊的生活习性

1. 绵羊的生活习性

(1)合群性强　绵羊具有较强的合群性,特别是粗毛羊。绵羊的合群性主要通过视、听、嗅等感官活动,来传递和接受各种信息,以保持和调整群体成员之间的活动。放牧时,虽很分散,但不离群,一有惊吓或驱赶便马上集中。行走时,头羊前进,众羊就会跟随前进,适于大群放牧。因此,利用绵羊合群性强的特点,便于驱赶、管理和组建新群。但出现危险时,牧羊人未跟群,也会造成损失。妊娠后期的羊进圈时,要进行必要的阻挡控制,防止因拥挤造成流产。

不同品种的羊合群性不一致,粗毛羊最强,毛用羊次之,肉用羊较差。

(2)采食性广　绵羊是反刍动物,能较好地利用粗饲料。在能吃饱青草的季节或有较好的青干草补饲的情况下,绵羊不需要补饲精料,就可以保证正常的生理活动和育肥。

绵羊的嘴唇尖而灵活,切齿向前倾斜。因此,能摄取零碎树叶和啃食低矮的牧草。在马、牛放牧过的草场,或马、牛不能利用的草场,还能采食。

(3)适应性强　绵羊比其他家畜有更强的适应性。绵羊的耐寒性、耐苦性、耐粗性好,抗病力强。细毛羊对干燥、寒冷的环境比较适应,对湿热则不适应;早熟长毛品种的绵羊具有较好的抗湿热、抗腐蹄病的能力,对寒冷、干燥的气候和缺乏多汁饲料的饲养条件则不能很好地适应。

(4)性情温顺,胆小易惊　绵羊较其他家畜温顺,易于放牧管理。但绵羊生性胆小,突然的惊吓容易"炸群"四处乱跑,遇到狼等敌害毫无反抗能力。所以,放牧时应加强管理。

2. 山羊的生活习性

山羊与绵羊有许多共同的特性,但也有其独特性。

(1)活泼好动　山羊行动敏捷,喜欢登高,善于游走,在其他家畜难以到达的陡坡上,也可以行动自如地采食,当高处有其喜食的牧草或树叶时,能将前肢攀在岩石或树干上,甚至前肢腾空后肢直立地采食,故有"精山羊、疲绵羊"之说。

(2)合群性强　大群放牧时,羊群中只要有训练好的头羊带领,头羊可以按照发出的口令,带领羊群向指定的路线移动,个别羊离群后,只要给予适当的口令就会很快跟群,放牧极为便利。

(3)爱清洁,喜干燥　山羊嗅觉灵敏,在采食草料前,总要用鼻子嗅嗅再吃。往往宁可忍饥挨渴也不愿吃被污染、践踏或发霉变质、有异味的饲料和饮水。因此,饲喂山羊的饲料和饮水必须清洁、新鲜。

山羊喜欢干燥的生活环境,舍饲的山羊常常站立在较高燥的地方休息。长期潮湿低洼的环境会使山羊感染肺炎、蹄炎及寄生虫病。因此,山羊舍应建立在地势高燥、背风向阳、排水良好的地点。

(4)山羊嘴尖、唇薄,牙齿锐利 山羊的采食能力强,利用饲料的种类也广,尤其对粗饲料的消化利用较其他家畜高。山羊特别喜欢采食树叶、树枝。因此,很适宜在灌木林地放牧,对充分利用自然资源有特殊的价值。美国、澳大利亚及非洲一些国家利用山羊的这一习性来控制草场上的灌木蔓延。

(5)适应性强 山羊对不良的自然环境有很强的适应性。从热带、亚热带到温带、寒带地区均有山羊分布,许多不适于饲养绵羊的地方,山羊仍能够很好生长;耐暑热,在天热高温情况下能继续采食;耐饥寒,在越冬期内同一不良环境条件下,山羊的死亡率低于绵羊。

▶ 二、羊的消化特点

羊是反刍动物,其胃由瘤胃、网胃、瓣胃和皱胃组成。其中瘤胃容积最大,内有大量纤毛虫和细菌等有益微生物。羊的瘤胃如一个巨大的生物发酵罐,具有贮藏、浸泡、软化粗饲料的作用。瘤胃中独特的微生态环境为微生物的繁殖创造了有益的条件。瘤胃微生物与羊体是共生作用,彼此有利,利用微生物可分解粗纤维,提高粗饲料的利用率;可将饲料中的非蛋白氮合成菌体蛋白;依赖微生物能合成维生素 B_1、维生素 B_2、维生素 K 等。

反刍是羊只消化的生理特征。当饲料进入瘤胃后,经过浸软、混合和生物分解后,又一团一团返回口腔,咀嚼后再次咽下。反刍是羊只休息时周期性进行的活动,每次 $40\sim60$ min,有时可达 $1\sim2$ h,每日反刍的时间约为放牧时间的 3/4。任何外来的刺激都能影响反刍,甚至使其停止。因此,在放牧和舍饲时,应保证羊只反刍的时间和安静的反刍条件。反刍也是羊只健康与否的重要标志。反刍停止是羊只生病的表现,在治疗过程中,羊只开始反刍,说明病情大有好转。

哺乳期的羔羊,瘤胃微生物区系尚未形成,没有消化粗纤维的能力,不能采食和利用草料,所吮母乳直接进入真胃进行消化。羔羊在 20 d 左右时开始出现反刍活动,对草料的消化分解能力开始加强。所以出生羔羊在 10 d 以后逐渐训练采食干草,可促进瘤胃的发育。

羊的消化道细而长,小肠与体长比为(25~30):1。这样,使食物在消化道内停留时间较长,有利于营养的充分吸收。

【职业能力测试】

一、选择题

1.下列不属于绵羊的特点的是(   )。

A.胆子大   B.合群性强   C.食性广   D.性情温顺

2.下列不属于山羊的特点是(   )。

A.喜合群   B.喜干燥   C.善登高   D.适应性较绵羊差

二、判断题

（　　）1. 绵羊、山羊都是反刍动物。

（　　）2. 绵羊、山羊都有合群性强的特点。

（　　）3. 山羊不喜欢干燥的环境。

（　　）4. 山羊性情温顺，不喜欢活动。

三、问答题

1. 绵羊有哪些生活习性？

2. 山羊有哪些生活习性？

任务二　种羊饲养管理

【学习任务】

了解种羊的饲养管理要点，掌握种羊的饲养管理技术。

【必备知识】

种公羊对羊群品质的改良和提高有重要作用。俗话说："公羊好，好一坡；母羊好，好一窝"。说明了种公羊质量的优劣，直接关系到一个羊群的好坏。

要获得优良的种公羊，除选好种外，还要科学饲养，加强管理。种公羊的数量虽少，但种用价值高，对后代的影响大，故在饲养管理上要求很高。只有加强饲养管理，才能保持健壮的种用体况。要使其营养良好而又不过于肥胖，需全年保持均衡的营养，达到在配种期性欲旺盛，精力充沛，精液品质良好的状态，从而提高种公羊的利用率。

母羊的饲养管理对羔羊的发育、生长、成活率影响很大。母羊的妊娠期为 5 个月，哺乳期为 4 个月，恢复期只有 3 个月。要在这 3 个月中使母羊从相当瘦弱的状态快速恢复到配种的体况，时间是非常紧迫的。配种受胎后，为使胚胎能充分发育并保证产后母羊有充足的乳汁，就需要有充足的营养。因此，对母羊的饲养管理在全年都应加强，保持全年膘情良好。

【实践案例】

假如你是一位种羊场的技术管理人员，需要饲养种公羊和种母羊，请你制订出一个饲养管理方案。

【制订方案】

完成本任务的工作方案见表 9-1。

表 9-1　完成本任务的工作方案

步骤	内容
步骤一	制订种公羊的饲养管理方案
步骤二	制订种母羊的饲养管理方案

【实施过程】

步骤一、制订种公羊的饲养管理方案

种公羊的饲养管理可分为配种期和非配种期2个阶段。

1.配种期的饲养管理

(1)配种开始前45 d左右就应进入配种期的饲养管理。这个时期的任务是加强种公羊的营养和改善体质,以适应紧张繁重的配种任务。此期在做好放牧的同时,应给公羊补饲富含粗蛋白质、维生素、矿物质的混合精料和干草。蛋白质对提高公羊性欲、增加精子密度和射精量有决定性作用。

(2)配种期间应喂给种公羊充足的全价日粮。种公羊的日粮应由种类多、品质好、公羊喜食的饲料组成。豆类、燕麦、青稞、黍、高粱、大麦、麸皮都是种公羊的优质精料;干草以豆科青干草和燕麦青干草为佳。此外,胡萝卜、玉米青贮料等多汁饲料也是很好的维生素饲料。粉碎玉米容易消化,能量高,但饲喂量不宜过多,占精料量的1/4~1/3即可。

(3)公羊的补饲定额,应根据公羊体重、膘情和采精次数来确定。一般在配种季节每头每日补饲混合精料1.0~1.5 kg,青干草(冬配时)任意采食,骨粉10 g,食盐15~20 g,采精次数较多时可加饲鸡蛋2~3个(带皮揉碎,均匀拌在精料中)或脱脂乳1~2 kg,种公羊的日粮体积不能过大。同时,配种前准备阶段的日粮水平应逐渐提高,到配种开始时达到标准。

(4)在加强补饲的同时,还应加强公羊的运动。这是配种期种公羊管理的重要内容,关系到公羊的体质和精液质量。若运动不足,公羊会很快发胖,精子活力降低,严重时不射精。但运动量过大时,消耗能量多,不利于健康。每日驱赶公羊运动2 h左右,运动时,快步驱赶和自由行走交替进行。快步驱赶的速度以使羊体皮肤发热而不致喘气为宜。

(5)在配种季节,要加强管理,防止混群、偷配。为使公羊在配种期养成良好的条件反射,使各项配种工作有条不紊地进行,必须拟定公羊的饲养管理日程。

2.非配种期的饲养管理

(1)配种季节快结束时,就应逐步减少精料的补饲量。转入非配种期后,除放牧外,冬季一般每日补混合精料500 g,干草2.5 kg,胡萝卜0.5 kg,盐5~10 g,骨粉5 g。春、夏季节以放牧为主,另外补给混合精料500 g,每日饮水1~2次。

(2)种公羊要单独组群放牧和补饲。放牧时,要距母羊群远些。运动和放牧要求定时间、定距离、定速度。应尽量防止公羊互相抵架。种公羊舍宜宽敞、坚固,保持清洁、干燥,定期消毒。为了保证种公羊的健康,应贯彻预防为主的方针,定期进行检疫和预防接种,做好体内、外寄生虫病的防治工作。

步骤二、制订种母羊的饲养管理方案

1.空怀母羊的饲养管理

由于各地产羔季节不同,母羊空怀季节也不同。产冬羔的母羊一般5~7月为空怀期;产春羔的母羊一般8~10月为空怀期。空怀期的母羊饲养的主要任务是恢复体况,抓膘,贮备营养,促进排卵,提高受胎率。

2.妊娠母羊的饲养管理

(1)妊娠前期的饲养管理　在妊娠期的前3个月内,胎儿发育较慢,所需养分也不太多,

除放牧外,可根据具体情况进行少量补饲,在枯草季节则应补饲,使母羊保持良好的膘情。管理上要避免吃霜草或霉烂饲料,防止母羊受惊猛跑,不饮冰碴水,以防流产。

(2)妊娠后期的饲养管理　在妊娠后期的两个月中,胎儿生长很快,羔羊初生重的90%在此期间生长。此期间靠放牧一般难以满足母羊的营养需要,如母羊养分供应不足,会产生一系列不良后果。因此,在母羊怀孕后期必须加强补饲,将优质干草和精料放在此时补饲,并注意蛋白质、钙、磷的补充。要注意保胎,出牧、归牧、饮水、补饲都要慢而稳,防止拥挤、滑跌,最好在较平坦的牧场上放牧。羊舍内要保持温暖、干燥和通风良好。母羊妊娠两个月后的补饲,每只每日补饲青干草或青贮1～1.5 kg,精料250～300 g,骨粉15～20 g,补饲草、料应放在饲草架和槽内饲喂,以免浪费。妊娠母羊饲养管理不当,容易引起流产和早产。因此严禁饲喂发霉、变质、冰冻或其他异常饲料,禁饮冰碴水,忌惊吓、急跑、跳沟等剧烈动作,禁止无故捕捉、惊扰羊群,特别是在出入圈门或补饲时,要防止互相拥挤,以防流产。母羊在妊娠后期不宜进行防疫注射。临产前1周左右不得远牧。临近产羔时,将接羔棚舍、羊圈套、饲草架、料槽等及时修整、清扫并消毒,羊舍、产羔暖棚要保持清洁干燥,通风良好,光照充足和保暖。母羊在产羔后1～7 d应加强管理,一般应舍饲或在较近的优质草场上放牧。一周内,母仔合群饲养,保证羔羊吃到充足初乳。应注意保暖、防潮、预防感冒。产羔1 h左右应给母羊饮温水,第一次饮水不宜过多,切忌让产后母羊饮冷水。

3.哺乳母羊的饲养管理

母羊产后即开始哺乳羔羊。哺乳母羊饲养管理的主要任务是,保证母羊有充足的奶水来哺乳羔羊。母羊泌乳量越多,羔羊发育越好,生长越快,抗病力越强,成活率越高。因此,为了促进母羊泌乳,除放牧外,应当按母羊的膘情和所带单、双羔的不同,补饲优质干草和多汁饲料。

(1)哺乳前期每只(单羔)每日补喂混合精料0.5 kg,产双羔母羊补喂0.7 kg;哺乳中期减少至0.3～0.45 kg,干草3～3.5 kg,多汁饲料单、双羔母羊均为1.5 kg。

(2)哺乳后期除放牧外只补些干草即可。羔羊断奶前,母羊应在几天前就减少多汁饲料、青贮饲料与精料的补饲量,以防发生乳腺炎。母羊产羔后泌乳量逐渐增加,产后28～42 d达到高峰,之后开始下降。

(3)到第3个月时,母羊泌乳量大幅度下降,母乳只能满足羔羊营养需要量的10%左右,即使给母羊补饲也不能保持前期的乳量。此时,羔羊已能采食和消化饲草、饲料。因此,当羔羊3月龄时应断奶补饲,母仔分群饲养,加强母羊放牧抓膘。哺乳母羊的圈舍应经常打扫,保持清洁干燥。要及时清除胎衣、毛团等杂物,以防羔羊吞食引起疾病。应经常检查母羊的乳房,如果发现有乳孔闭塞、乳腺发炎、化脓或乳汁过多等情况,要及时采取相应措施给予处理。

【职业能力测试】

1.怎样对种公羊进行饲养管理?

2.怎样对妊娠母羊进行饲养管理?

【学习任务】

学习并掌握肉用羊饲养管理技术,能制订出一个肉用羊的饲养管理方案。

【必备知识】

肉用羊饲养管理指的是商品羊在出售前3个月进行舍饲、添加优质牧草进行催肥,以提高商品羊的个体重、屠宰率和经济效益的一项有效措施。

1.羔羊培育

羔羊培育是指羔羊断奶(3~4月龄)前的饲养管理。

(1)羔羊出生后应尽早吃足初乳,初乳中含有丰富的营养物质和抗体,具有抗病和轻泻作用。对增强其体质、抵抗疾病和排出胎粪都有好处。羔羊出生后数日宜留在圈中,因此母羊也应舍饲。

(2)为增强羔羊体质,随着羔羊日龄的增长,应尽早运动。10日龄左右的羔羊可以随母羊放牧。开始时应距羊舍近一些,之后可逐渐地增加距离。为了保证母羊和羔羊的正常营养,最好能留出一些较近的优质牧地。

(3)羔羊生后半个月,即可训练采食干草,以促进瘤胃功能。1月龄后可让其采食混合精料,补饲的食盐和骨粉可混入混合精料中饲喂。羔羊补饲最好在补饲栏(一种仅供羔羊自由出入的围栏)中进行。

(4)一般3.5~4月龄羔羊即和母羊分群管理,这是羔羊发育的危险期。此时如补饲不足,羔羊体重不但不增长,反而有下降的可能。因此,羔羊在断奶分群后应在较好的牧地上放牧,视需要适量补饲干草和精料。

2.育肥前的准备

(1)育肥羊的选择　育肥首先应挑选好羊只。一般来讲,凡不做种用的公、母羊和淘汰的老弱病残羊均可用来育肥,但为了提高育肥效益,要求用来育肥的羊体型大,增重快,健康无病,最好是肉用性能突出的品种,通常老龄羊育肥价值不高。育肥羊经健康检查,无病者按品种、年龄、性别、体重及育肥方法分别组群。

(2)去势与修蹄　为了减少羊肉膻味并利于育肥,育肥羊均应去势。放牧育肥前,应对羊蹄进行修整,以利放牧采食和抓膘。

(3)驱虫　羊在投入育肥前,要进行驱虫、药浴、防疫注射,以确保育肥工作的顺利进行。

【实践案例】

假如你是一位肉用羊养殖场技术管理人员,请你根据所学知识,制订合理的育肥方案,并应于生产。

【制订方案】

完成本任务的工作方案见表9-2。

表9-2　完成本任务的工作方案

步骤	内容
步骤一	制订肉用羊放牧育肥的饲养管理方案
步骤二	制订肉用羊舍饲育肥的饲养管理方案
步骤三	制订肉用羊混合育肥的饲养管理方案
步骤四	制订羔羊育肥饲养管理方案

【实施过程】

步骤一、制订肉用羊放牧育肥的饲养管理方案

放牧育肥(图9-1)是最经济最普遍的一种育肥方法,它可以充分利用天然草场或秋茬地,生产成本低,是我国农区和牧区采用的传统育肥方式。放牧育肥的关键是水、草、盐缺一不可,否则就会影响育肥效果,因此要抓紧夏秋季牧草茂密、营养价值高的大好时机,充分延长每日的有效放牧时间,保证青草采食量,羔羊一般4～5 kg,成年羊达7～8 kg。北方地区一般在5月中、下旬至10月中旬期间进行放牧育肥。

步骤二、制订肉用羊舍饲育肥的饲养管理方案

舍饲育肥(图9-2)是按饲养标准配制日粮,并以较短的育肥期和适当的投入获取羊肉的一种育肥方式,适用于饲草饲料资源丰富的地区。舍饲育肥与放牧育肥相比,相同月龄屠宰的羔羊活重高出10%,胴体重高出20%,育肥期缩短。舍饲育肥应充分利用农作物秸秆、干草及农副产品,精料一般占45%～60%。舍饲育肥通常为60～70 d,时间过短,育肥效果不显著;时间过长,饲料转化率低,效果不理想。

图9-1　放牧育肥羊

图9-2　舍饲育肥羊

步骤三、制订肉用羊混合育肥的饲养管理方案

混合育肥(图9-3)是放牧与舍饲相结合的一种育肥方式。在放牧的基础上,同时补饲一

些精料或进入枯草期后转入舍饲育肥。这种方式既能充分利用牧草旺盛季节，又可取得一定的育肥效果，还能有效控制草场载畜量，同时整个育肥期内的增重，比纯放牧育肥可提高30％～60％。因此，在秋季末期牧草枯黄季节，还是采用放牧加补饲的育肥效果好。

图9-3　混合育肥羊

步骤四、制订羔羊育肥饲养管理方案

（1）适当提前产羔期　牧区由于春季气温回升较晚，棚圈设备较差，草料贮备有限，应多安排产春羔。若要生产肥羔，就要考虑将产羔期适当提前，这样才能延长当年的生长期从而增加屠宰体重。

（2）提高适龄繁殖母羊比例　生产肥羔的羊群，将适龄繁殖母羊比例尽可能提高到65％～70％，并实行羊的密集产羔，使羊两年产3胎或一年产2胎，以扩大肥羔生产来源和加大年出栏率。

（3）加强母羊的饲养管理　母羊在怀孕后期和泌乳前期，应尽量延长放牧时间，合理补饲，以获得初生体重大、断奶体重大的羔羊，从而提高屠宰率。

（4）提前断乳，单独组群育肥　羔羊从3月龄起，母乳仅能满足其营养需要的10％左右，此时可考虑提前断乳，单独组群放牧育肥。要选水草条件较好的草场进行放牧，突击抓膘。

（5）适当延长育肥期　肥羔在草枯前后仍有较高的增重能力，此时如能实行短期补饲，适当延长育肥期，则可取得更大的胴体重和净肉重，特别是对体重较小的羔羊更应加强补饲，进行短期催肥。

【知识拓展】

● 羔羊断尾及去势

1.羔羊断尾

细毛羊、半细毛羊及其杂种羊都有细长的尾巴，为了减少粪尿对后躯羊毛的污染和便于配种，应进行断尾。羔羊出生后1～3周龄即可断尾。断尾的方法有烙断法、刀切法和结扎法3种。其中以烙断法应用比较普遍。做法是：

（1）将断尾铲烧热，若无断尾铲时可改用火铲。

（2）由一人将羔羊抱在怀里，头朝上、背向着保定人的腹部，保定人用双手将羔羊前后肢分别固定住，使其坐在木板上，用木板（或薄铁皮）挡住羔羊的阴门和睾丸。

（3）术者用左手拉直羔羊尾巴使其紧贴在木板上，右手持烧好的断尾铲，在距尾根4～6 cm处（母羊以盖住外阴部为宜），将皮肤向根部稍拉一下，慢慢向下压切，边切边烙，这样做既能止血又能消毒。

（4）将拉向尾根的皮肤复原，以包住创口，并用5％碘酊消毒，有利于创口愈合。

（5）将羔羊放回，并注意观察，若发现流血者，应进行烧烙或止血处理。

2.羔羊去势

凡不留作种用的公羔或公羊一律去势，去势后的羊称羯羊。公羔去势一般与断尾同时

进行,常用的是刀切法。方法是:

(1)一人保定羊只,使羔羊半蹲半仰,置于凳上。

(2)术者将羔羊阴囊上的毛剪掉,并用5‰碘酊消毒。

(3)术者一只手捏住阴囊上方,不让睾丸缩回腹腔,另一只手用消毒过的手术刀在阴囊下方约1/3处横向切开一口,挤出睾丸,左手指紧夹睾丸根部,用右手将睾丸连同精索一起拧断,然后用5‰碘酊充分消毒术部即可。

(4)将羔羊放回原处,加强护理,防止感染。

【职业能力测试】

一、填空题

1.最经济、最普遍的肉用羊育肥方式为_____。

A.放牧育肥　　　　　B.舍饲育肥　　　　　C.混合育肥　　　　　D.以上都对

2.下列不属于羔羊育肥优点的是_____。

A.鲜嫩多汁,精肉多　　　B.羔羊生长快,饲料报酬高

C.羔羊肉的价格低　　　　D.成本低,经济效益好

3.羔羊一般在_____月龄与母羊分开,进入育肥期。

A.1　　　　　　　B.3　　　　　　　C.5　　　　　　　D.7

4.留作育肥的羔羊出生_____周龄即可断尾和去势。

A.1～3　　　　　B.2～4　　　　　C.3～5　　　　　D.4～6

二、问答题

1.肉用羊育肥的方式有多少种?分别适用于哪些类别的羊?

2.肉用羊育肥前要做好哪些准备?

任务四　乳用山羊饲养管理

【学习任务】

学习并掌握乳用山羊饲养管理技术,能制定出一个乳用山羊饲养管理方案。

【必备知识】

乳用山羊的母羊在不同生理阶段和生产时期,对营养和管理的要求不同,生产上分为妊娠期、泌乳期和干乳期3个阶段,而泌乳期又可以分为泌乳初期、泌乳盛期和泌乳后期。

【实践案例】

假如你是一位乳用山羊场技术管理人员,请你根据所学知识,制订出一个合理的饲养管理方案,并应用于生产。

【制订方案】

完成本任务的工作方案见表9-3。

表9-3　完成本任务的工作方案

步骤	内容
步骤一	制订乳用山羊妊娠期饲养管理方案
步骤二	制订乳用山羊泌乳期饲养管理方案
步骤三	制订乳用山羊干乳期饲养管理方案

【实施过程】

步骤一、制订乳用山羊妊娠期饲养管理方案

母羊在妊娠期,随着胚胎的生长发育与自身体重的增加,所需的营养物质也逐渐增加。因此,要加强饲养与营养,满足其所需的各种营养物质,否则,由于营养不良,母羊瘦弱,会导致胎儿发育受阻,甚至流产。对妊娠母羊的饲养要按日产 1～1.5 kg 乳汁的饲养标准饲喂,保证日粮中有充足的蛋白质、矿物质与维生素。在母羊妊娠后期,也是泌乳母羊的干乳期,饲养管理上应十分注意。

步骤二、制订乳用山羊泌乳期饲养管理方案

泌乳母羊的饲养大致可分为泌乳初期、泌乳盛期、泌乳后期 3 个阶段。

(1)泌乳初期　母羊产后 15 d 内,由于生理机能发生变化,食欲与消化机能都较弱,这时如给予大量精料,容易造成消化不良与食滞。合理的饲养应先饲喂优质青干草,每日饮麸皮盐水 3～4 次。根据羊的食欲与消化机能恢复情况,逐渐增加饲喂量,15 d 以后即可恢复正常饲喂量。

(2)泌乳盛期　一般母羊产后 30～45 d(高产羊 60～70 d),可达到泌乳高峰。母羊进入泌乳盛期,体内贮存的营养物质因大量产乳而消耗巨大,羊体逐渐消瘦,但此时母羊的食欲与消化机能均已恢复正常。因此,这阶段必须按饲养标准来饲养,并增加饲喂次数,多喂青绿多汁饲料,优质干草的饲喂量占体重的 1.5％左右。一般每产 1.5 kg 乳汁饲喂 0.5 kg 混合精料。饲料日粮应注意多样化与适口性。另外,为提高产乳量,可采用提前增加饲料的办法,即抓好"催乳"。"催乳"可在产羔后 20 d 左右进行。膘情好、食欲好的母羊可早催;膘情差、食欲不佳的母羊晚催。当产乳量上升到一定水平不再上升时,就要把超过饲养标准的精料减下来,并保持相对稳定,以便提高整个泌乳期的产乳量。

(3)泌乳后期　母羊产后 6 个月左右产乳量逐渐减少。应视个体的营养状况逐渐减少精料的饲喂量,减料过急会加速泌乳量的降低,过慢可使羊体蓄积脂肪,同时也影响泌乳量。随着泌乳量下降,精料的饲喂量要适当减少,否则,母羊会很快变肥,从而使产乳量下降更快。管理上仍要做到定时饲喂,搞好清洁卫生,并增加运动,还要经常观察发情征状,以便做到及时配种。这个时期,一方面控制体重的增加,一方面使泌乳量缓慢下降,以保证本胎次的泌乳量,也保证胎儿的正常发育,并为下一胎次打下泌乳基础,蓄积营养。精粗料比例以65:35 为好。

步骤三、制订乳用山羊干乳期饲养管理方案

乳用山羊怀孕后期,产乳逐渐减少,一般在产前两个月要停止挤乳,称干乳期。这时母羊已经过一个泌乳期的生产,膘情较差,加上这一时期又正值妊娠后期,为了使母羊恢复膘情、贮备营养,保证胎儿发育的需要,应停止挤乳。据报道,母羊体重在泌乳期比产前约下降27.3%,如不能在产前恢复体重,将影响下一个泌乳期的产乳量。

干乳期母羊的饲养标准,可按日产 1~1.5 kg 乳汁、体重 50 kg 的乳用羊为标准,每日饲喂青干草 1 kg,青贮饲料 2 kg,混合精料 0.25~0.3 kg。这个时期的饲养水平应比维持饲养高 20%~30%,或按每日产乳 1~1.5 kg 的标准饲养。饲喂优质干草 1 kg,青贮饲料 2 kg,精料 0.25~0.3 kg。

高产的乳用山羊需人工停乳(或称人工干乳)。人工停乳时,首先降低饲养标准,特别是精料与青绿多汁饲料的供给量;其次,要减少挤乳次数,打乱挤乳时间,这样就能很快干乳。干乳时,把乳房中的乳汁挤净。干乳后,要注意及时检查乳房,如发现乳房发硬,应及时消炎处理。乳用山羊的干乳期一般为 60 d 左右。

乳用山羊的管理要做到圈净、料净、饮水净、饲槽净和羊体净,形成有规律的工作日程。保持羊舍的清洁干燥,按时清扫圈舍,地面所铺的垫草要定期更换。保持羊体的干净卫生,每日要刷拭羊体,促进血液循环。同时保持圈舍安静,切忌惊扰羊群。

【知识拓展】

● 山羊的挤乳

挤乳是乳用山羊生产中的一项重要技术。挤乳方法有机器挤乳和手工挤乳 2 种。一般多采用手工挤乳。

1. 准备工作

将乳房周围的毛剪去;挤乳员剪短指甲,清洗手臂,放好乳桶。

2. 引导奶羊上挤乳台

初调教时,台上的小槽内要添上精料,经数次训练后,每到挤乳时间,只要呼喊羊号,乳用山羊会自动跑出来跳上挤乳台。

3. 擦洗和按摩乳房

羊上台后,先用 40~50℃ 的热湿毛巾擦洗乳房和乳头,再用干毛巾擦干,然后按摩乳房。方法是:两手托住乳房,先左右对揉,后由上而下按摩。动作要轻快柔和,每次按摩轻揉 3~4 回即可。这样可刺激乳房,促进泌乳。

4. 挤乳

按摩乳房后开始挤乳,最初挤出的几滴乳汁废弃不要。挤乳方法有滑挤法和拳握法(或称压挤法)2 种。乳头短小的个体采用滑挤法(图 9-4),即用拇指和食指捏住乳头基部从上而下滑动,挤出乳汁。对大多数乳头长度适中的个体必须用拳握法(图 9-5),即一手把持乳头,用拇指和食指紧握乳头基部,防止乳头管里的乳汁倒流,然后依次将中指、无名指和小指向手心压挤,乳汁即挤出。这种方法的关键在于手指开合动作的巧妙配合。挤乳时两手同时握住左右两侧乳房,一上一下地挤或两手同时上下地挤,后者多用于挤乳结束时。挤乳动作要轻巧,两手握力均匀,速度一致,方向对称,以免乳房畸形。当大部分乳汁挤出后,再两手同时上下左右按摩乳房数次,直到乳房中的乳汁挤净为止。最后挤出的乳汁,乳脂含量较

高。挤完乳后要将乳头上残留的乳汁擦净,以免乳头污染和蚊蝇骚扰。同时将乳用羊放回圈舍。

5. 称重、过滤

每挤完一只羊,应将乳汁称重记录,然后用纱布过滤到存奶桶中,并进行消毒处理。乳用山羊每日挤乳的次数随产乳量而定。一般每日挤 2 次;日产乳量 5 kg 左右的羊,每日 3 次;日产乳量 6～10 kg 的羊,每日 4～5 次。各次挤乳的间隔以保持相等为宜。乳用山羊产羔后,应将羔羊隔离,进行人工哺乳。

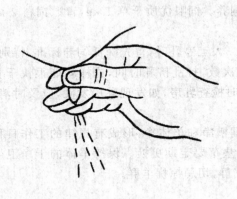

图 9-4　滑挤法

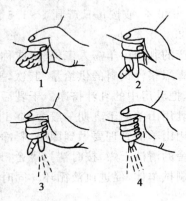

图 9-5　拳握法

6. 挤乳应注意的事项

(1)要注意挤乳员的个人卫生,工作服等要常换洗,并定期进行健康检查。凡患有传染病、寄生虫病、皮肤病等疾病的人不得任挤乳员。

(2)挤乳必须定人、定时、定次、定顺序,不得随意更换挤乳员。

(3)挤乳员对乳用山羊要耐心、和善,并保持清洁、卫生,挤乳时要安静。

(4)乳用山羊产乳期间要经常观察乳房有无损伤或其他异常征状。若发现乳房皮肤干硬或有小裂纹时,应于挤乳后涂一层凡士林,有破损应涂以碘酊,如有炎症要及时治疗。

【职业能力测试】

一、填空题

1. 泌乳母羊的饲养大致可分为_____、_____、_____、干乳期 4 个阶段。

2. 乳用山羊人工挤乳的方法有_____、_____。

二、判断题

(　　)1. 乳用山羊干乳期营养要求不高,所以饲养上可以不重视。

(　　)2. 一般母羊产后 30～45 d,可达到泌乳高峰。

(　　)3. 乳用山羊的干乳期一般为 60 d 左右。

(　　)4. 对于乳头短小的乳用山羊个体宜采用滑挤法挤乳。

三、问答题

1. 简述乳用山羊不同生理阶段的营养需求特点。

2. 给乳用山羊挤乳要注意哪些问题?

参 考 文 献

[1] 张登辉.畜禽生产.北京:中国农业出版社,2009.4

[2] 张申贵.牛的生产与经营.北京:中国农业出版社,2001.12

[3] 梁学武.现代奶牛生产.北京:中国农业出版社,2002.8

[4] 李建国.肉牛标准化生产技术. 北京:中国农业出版社,2003.1

[5] 陈幼春.现代肉牛生产.北京:中国农业出版社,1999.10

[6] 覃国森.养牛与牛病防治.南宁:广西科学技术出版社,2005.4

[7] 冀一伦.实用养牛科学.北京:中国农业出版社,2001.2

[8] 邱怀.现代乳牛学.北京:中国农业出版社,2002.1

参
考
文
献